Torsten Schumacher

Leinen los

Torsten Schumacher

Leinen los

*Aufbruch in ein neues
Zeitalter der
Mitarbeiterführung*

WILEY-VCH Verlag GmbH & Co. KGaA

1. Auflage 2009

Alle Bücher von Wiley-VCH werden sorgfältig erarbeitet. Dennoch übernehmen Autoren, Herausgeber und Verlag in keinem Fall, einschließlich des vorliegenden Werkes, für die Richtigkeit von Angaben, Hinweisen und Ratschlägen sowie für eventuelle Druckfehler irgendeine Haftung.

**Bibliografische Information
der Deutschen Nationalbibliothek**
Die Deutsche Nationalbibliothek verzeichnet diese Publikation in der Deutschen Nationalbibliografie; detaillierte bibliografische Daten sind im Internet über http://dnb.d-nb.de abrufbar.

© 2009 WILEY-VCH Verlag GmbH & Co. KGaA, Weinheim

Printed in the Federal Republic of Germany

Gedruckt auf säurefreiem Papier.

Satz K+V Fotosatz GmbH, Beerfelden
Druck und Bindung AALEXX Buchproduktion GmbH, Großburgwedel
Umschlaggestaltung init GmbH, Bielefeld
ISBN: 978-3-527-50475-6

Ich widme dieses Buch Markus Baumanns,
Johannes Bohnen, Antje Kästner und
Louise Orbesen – Helfern in wichtiger Zeit.

Gliederung

Leinen los. Torsten Schumacher
Copyright © 2009 WILEY-VCH Verlag GmbH & Co. KGaA, Weinheim
ISBN: 978-3-527-50475-6

Teil B
Die Zukunft: Führung als individuelle Wahrnehmung

Vorwort

Die Management-Theorien und -Praktiken der vergangenen
Jahrzehnte haben enorme Fortschritte gebracht in Bezug auf
die Rationalisierung und Standardisierung von Arbeitsabläufen oder bei der Koordination der Aktivitäten von Tausenden
Beschäftigten. Die vorherrschenden Paradigmen waren Effizienz, Menge, Exaktheit, Messbarkeit, Schnelligkeit und Gehorsam. Um diesen Paradigmen gerecht zu werden, haben
wir auf dem Gebiet der Mitarbeiterführung schablonenartige
Standardrezepte und -instrumente entwickelt und über die
Menschen in unseren Organisationen gestülpt. Wir haben
uns hiervon weitere Rationalisierungszuwächse und Effizienz-
gewinne versprochen. Und diese mögen an manchen Stellen
auch eingetreten sein. Aber wir haben einen hohen Preis dafür
bezahlt. Einen sehr hohen sogar. Denn die unzähligen Mess-,
Anreiz-, Beurteilungs- und Entwicklungsinstrumente wirken
normierend und standardisierend und erzeugen Anonymität.
Dieser Werkzeugkasten führt zu Gleichschaltung statt individueller Vielfalt. Wir behandeln Hunde und Katzen auch nicht
gleich, nur weil beides Tiere sind. Sämtliche Instrumente verhindern genau das, was sie angeblich fördern wollen: *individuelle* Spitzenleistungen, das Besondere, Kreativität, Innovation,
herausragende Beiträge und Ergebnisse. Damit zerstören wir
das Wertvollste in unseren Unternehmen: die Individualität
der Menschen. In der Folge verflüchtigt sich der gemeinsame
Geist aus den Firmenmauern. Solche Organisationen sind Ma-
schinerien zur leidenschaftslosen Erstellung mittelmäßiger
Produkte und Dienstleistungen, Käfige zur Haltung von Lohn-

Leinen los. Torsten Schumacher
Copyright © 2009 WILEY-VCH Verlag GmbH & Co. KGaA, Weinheim
ISBN: 978-3-527-50475-6

sklaven; basierend auf einem Menschenbild, das vor über einhundert Jahren entworfen wurde.[1] Deshalb: Die herkömmliche Praxis der Mitarbeiterführung hat ausgedient.

An ihre Stelle setze ich einen praktikablen Ansatz, den ich Individuelle Führung nenne. Er bringt den einzelnen Menschen, mit seiner Individualität und Einzigartigkeit, wieder dorthin, wo er hingehört: in das Zentrum der Wahrnehmung und des Handelns jeder Führungskraft. Das ist deutlich anspruchsvoller als der anonyme Messwahn, aber unumgänglich. Wir müssen uns dieser Aufgabe stellen. Im Ergebnis werden wir etwas zurückgewinnen, was wir wahrscheinlich dringender denn je benötigen: individuelles Urteilsvermögen. Ich plädiere damit nicht dafür, die gleichen Dinge »irgendwie anders« zu machen; ich plädiere für einen *Paradigmenwechsel* in der Führung. Die Zeit erscheint hierfür überreif. Die jüngste Finanz- und Wirtschaftskrise ist nicht nur auch, sondern *zuvorderst* eine Führungskrise. So werden sich Wettbewerbsvorteile in den kommenden zehn Jahren zunehmend über die Qualität der Führung ergeben.

Mein Ansatz der Individuellen Führung folgt den Paradigmen von Individualität, Verantwortung und Menschlichkeit. Hierbei ist es mein Anspruch, mit dem Ansatz der Individuellen Führung richtige und gute Mitarbeiterführung zu definieren, zu konkretisieren und praktisch zu etablieren, wobei der letztgenannte Aspekt natürlich weit über dieses Buch hinausgeht. Was wir benötigen, ist eine Radikalkur der heutigen Praxis der Mitarbeiterführung – ein Aufbruch in ein neues Zeitalter. Dieses Buch beschreibt diese Radikalkur ohne Rücksicht auf sogenannte Modeerscheinungen. Sie sieht den *Menschen als Individuum*, mit seinen individuellen Prägungen,

---

1 Die meisten Historiker verbinden den Ursprung der heutigen Management-Methoden mit Frederick Winslow Taylor, der Anfang des 20. Jahrhunderts im Rahmen seiner »wissenschaftlichen Betriebsführung« Effizienzverluste beschrieb und zu überwinden versuchte.

Eigenschaften und Stärken als Bezugspunkt, Grundlage, ja sogar Daseinsberechtigung jeder wie auch immer ausgestalteten Mitarbeiterführung.

Hamburg, im September 2009   *Dr. Torsten Schumacher*

Einführung

Durch den Einsatz schablonenartiger Standardrezepte und
-instrumente haben wir bei der Mitarbeiterführung das Wertvollste in unseren Unternehmen aus dem Blick verloren: den
Menschen mit seiner Individualität und seiner Einzigartigkeit. Kein Wunder, dass sechs von sieben Beschäftigten keine
oder nur eine geringe emotionale Bindung zum Unternehmen haben.[2] Durch schlechte Mitarbeiterführung entsteht
der deutschen Wirtschaft, bei konservativer Betrachtung, ein
jährlicher Schaden in der Größenordnung von 80 bis 110
Milliarden Euro.[3] Also: Gute und richtige Führung ist kein
Thema für esoterische Debattierclubs; es gehört in das Zentrum der Management-Diskussion und -Praxis. Auf die Führung kommt es an. Ich gehe noch einen Schritt weiter: Gute
und richtige Mitarbeiterführung wird sich in den nächsten
zehn Jahren zu der Quelle für Wettbewerbsvorteile und positive Differenzierungen im jeweiligen Wettbewerbsumfeld entwickeln.

In Teil A des Buches analysiere ich, warum sich die heuti-
ge Führungspraxis in inakzeptabel vielen Unternehmen in
einem desolaten Zustand befindet. Naturgemäß sind die
Gründe vielschichtig. Ich bin in zwanzig Jahren Management-Beratung immer wieder auf einen Punkt gestoßen, der
nach meiner Beobachtung den wichtigsten Erklärungsansatz
liefert: Individuelle Vielfalt, also die tatsächliche Wahrnehmung der einzelnen Menschen in unseren Unternehmen als
Individuen, ist schrittweise abgelöst worden durch ein engmaschiges Netz schablonenartiger Rezepte und Werkzeuge.

Leinen los. Torsten Schumacher
Copyright © 2009 WILEY-VCH Verlag GmbH & Co. KGaA, Weinheim
ISBN: 978-3-527-50475-6

Der Werkzeugkasten ist mit diesen Standardinstrumenten »gut« gefüllt:

Messinstrumente – Jeder Winkel des Führungsraumes wird ausgeleuchtet und quantifiziert. Nichts, was nicht in irgendeiner Kennzahl erfasst wird. Ich werde schonungslos die fatale Konsequenz aufzeigen: Der Messwahn zerstört individuelle Urteilskraft. Wir brauchen jedoch, gerade in Zeiten der Unsicherheiten und rasanten Veränderungen, nichts mehr als das.

Anreizinstrumente – Auch dieses Fach des Werkzeugkastens ist »gut« gefüllt. Dabei bräuchten wir gar keine Anreizinstrumente, wenn der Befund der gängigen Führungspraxis in Ordnung wäre. Sie sind Folgeerscheinung der miserablen Qualität der Mitarbeiterführung. So schaffen wir uns selbst ein Dickicht aus variablen Gehaltsbestandteilen, Aktienprogrammen und Belohnungsreisen – und merken erst sehr langsam, dass goldene Ketten dünn sind.

Beurteilungsinstrumente – Sie verdeutlichen in besonders krasser Weise das Dilemma. Weil der regelmäßige persönliche Kontakt, die individuelle Begegnung, verloren gegangen ist, werden Schablonen, Raster, Gitter und andere standardisierende Werkzeuge erfunden, in die die Mitarbeiter gepresst werden. Aus individueller Vielfalt wird eine normalverteilte, graue Masse.

Organisationsinstrumente – Das selbst geschaffene Regulierungsdickicht führt uns zu statischen Stellen- und Funktionsbeschreibungen, die uns also erläutern, wie Mitarbeiter zu funktionieren haben – nicht aber, wer welchen Beitrag leistet. Kilogrammschwere Organisationshandbücher verstauben in den Schränken. Reisekostenverordnungen beschäftigen ganze Sekretariate und, in größeren Unternehmen, Abteilungen. Wer in diesem Fach des Werkzeugkastens konsequent entschlackt, wird ungeahnte Kräfte entfalten.

Entwicklungsinstrumente – Sie kommen im Gewand des Guten daher. Mitarbeiter sollen entwickelt werden. Allerdings ist der Ansatz grundlegend zu verändern: Anstatt an individuellen Schwächen herumzudoktern, müssen Stärken gestärkt werden. Ich werde die pointierte These vertreten, dass Entwicklungsinstrumente in der gängigen Praxis illegitime Ressourcenverschwendung sind.

> Die Standardrezepte und -instrumente der gängigen Führungspraxis sind fehlgeschlagen. Mehr noch: sie haben enormen Schaden angerichtet. Es ist Zeit für eine Radikalkur.

In Teil B entwickle ich daher meinen Gegenvorschlag der *Individuellen Führung*, den ich in die folgenden fünf Bereiche gliedere:

Individuelle *Auswahl* – Es ist die wichtigste Management- und Führungsaufgabe überhaupt. Wer wollte nicht die besten Leute für sich gewinnen. Allerdings ist die Auswahlpraxis in inakzeptabel vielen Unternehmen in einem wirklich katastrophalen Zustand. Ich werde aufzeigen, warum sie auf den Kopf gestellt werden muss:

- weg von Ja-Sagern und Selbstoptimierern, hin zu Menschen mit innerer Unabhängigkeit
- weg von der Gefühlsduselei scheinbarer Potenziale, hin zu tatsächlich erbrachten Leistungen
- weg vom Anspruch der scheinbar idealen Führungskraft, die zur Eier legenden Wollmilchsau mutiert, hin zu praktischem Realismus
- weg vom Schwächenprofil, hin zu individuellen Stärken, die es weiter zu stärken gilt
- weg von der Konformität scheinbar abgerundeter Persönlichkeiten, hin zur Vielfalt (Kanten statt Rundungen)
- weg von scheinbar wichtigen Sachkenntnissen, hin zu Einstellungen, insbesondere denen zur Selbstverantwortung

Wer in diesem Sinne seine individuelle Auswahl professionalisiert, spart späteren Aufwand für Personalentwicklung, Trainings, Anpassungsmaßnahmen, Umorganisationen oder, nicht selten, vorzeitige Trennungen.

Effektive individuelle Auswahl ist die wichtigste Führungsaufgabe überhaupt. Sie ist von allerhöchster betriebswirtschaftlicher Relevanz.

Dabei ist wichtig zu erkennen, dass die Auswahlaufgabe auch die Besetzung von Projektaufgaben umfasst, die in den meisten Unternehmen eine immer größere Rolle spielen.

Individueller *Einsatz* – Einsatzentscheidungen werden in den meisten Unternehmen auf der Grundlage einer falschen Fragestellung getroffen: »Welcher Kandidat passt am besten zur Stellenbeschreibung?« Dieser Ansatz hat gleich zwei Webfehler. Zum einen wird nur *einseitig* gefragt; Einsatzentscheidungen dürfen jedoch keine Einbahnstraße sein. Zum anderen sind Stellenbeschreibungen statisch, unflexibel und starr. Es ist besser, nach den Kernaufgaben für die nächste überschaubare Zeit (assignments) zu fragen. Die Grundfrage eines wirksamen Einsatzes lautet deshalb: »Wie können die individuellen Stärken der Kandidaten mit den vorhandenen Aufgaben bestmöglich zur Deckung gebracht werden?«

Individueller *Aufstieg* – Beförderungsentscheidungen haben eine extrem große Signalwirkung. Sie sind das Herz jeder Unternehmenskultur. Werden die wirklichen Leistungsträger – die übrigens jeder ohne den Werkzeugkasten mit seiner Kennzahlenflut sicher namentlich benennen kann – ge- und befördert, oder prägen falsche Rücksichtnahmen und Seilschaften das Aufstiegsbild? Aus individueller Sicht der Führungskraft ist in diesem Zusammenhang eine Erkenntnis überlebenswichtig, die kaum thematisiert wird: Wer eine neue Aufgabe bekommt, muss die bisherigen Parameter seines Erfolges in den Papierkorb werfen.

Individuelle *Begleitung* – Dieses vierte Element meines Ansatzes der Individuellen Führung bezieht sich auf das kontinuierliche, in manchen Fällen tägliche, Zusammenwirken von Führungskräften und Mitarbeitern und ist daher von besonderer Bedeutung. Ich werde aufzeigen, was Sie konkret tun können, um in Ihrem Verantwortungsbereich das wertvollste Gut zu schaffen, nach dem wir uns alle sehnen: Vertrauen. Auf dieser Grundlage stelle ich Ihnen die vier Herzstücke guter und richtiger Mitarbeiterführung vor und illustriere sie mit Beispielen:

- Schaffen Sie Wahlmöglichkeiten – sie sind der sicherste Weg zu einer belastbaren Motivation, die auch in Krisenzeiten stabil bleibt.
- Gleichen Sie die gegenseitigen Erwartungen ab – die Zutaten hierfür sind Klarheit, Hintergrund und Realismus.
- Führen Sie mit individuellen Rückversicherungen – durch kontinuierliche Begegnungen im Laufe des Geschäftsjahres überprüfen Mitarbeiter und Chef, ob sie die gegenseitig formulierten Erwartungen erfüllen können oder ob Anpassungen vorgenommen werden müssen.
- Geben Sie professionelles Feedback – ich vertrete die provokante These, dass über neunzig Prozent aller Führungskräfte noch niemals ein gutes, wirkungsvolles Feedback gegeben haben. Hier sehen Sie, wie es aussieht.

Es ist bemerkenswert, dass diese wichtigen Führungsaufgaben insgesamt sträflich vernachlässigt werden. Ich werde in Vorträgen und Seminaren häufig gefragt, welche *eine* Maßnahme die größte Hebelwirkung für gute, wirksame Mitarbeiterführung hätte. Ich bin mit Antworten hierauf zurückhaltend, denn gute Führung kennt keine Abkürzungen. Wer sich allerdings mit den Handlungs- und Führungsfeldern Wahlmöglichkeiten, Erwartungsabgleich, Rückversicherung und Feedback ernsthaft auseinandersetzt, ist auf einem guten Weg.

Individuelle *Trennung* – Viele Manager reagieren geradezu beleidigt, wenn die besten Leute die Organisation verlassen. Wir sollten jedoch die Augen vor zwei wichtigen Erfahrungswerten nicht verschließen. Erstens: Reisende sind nicht aufzuhalten. Zweitens: Gerade bei diesem oftmals schmerzhaften Punkt der Trennung liegt ein besonders fruchtbarer Boden für Lerneffekte. Warum haben uns einige der Leistungsträger verlassen? Wie sehen sie das Unternehmen? Was können wir zukünftig besser machen? Gerade jetzt brauchen diejenigen, die gehen, keine internen Rücksichtnahmen mehr zu treffen und können besonders offen ihre Standpunkte darlegen. Wenn wir sie denn nur fragen würden. Solche Gespräche können in besonderem Maße wertvoll und erkenntnisreich sein. Sie verlangen keinerlei intellektuelle Höchstleistungen; allerdings Ruhe und Gelassenheit, Stabilität und *wirkliches* Interesse am anderen.

Sämtliche Vorschläge meines Ansatzes der Individuellen Führung sind für ihre praktische Umsetzung vielfach erprobt. Ausreden nach dem Motto »In meinem Unternehmen ist das aber anders« lasse ich nicht zu. Zudem sind alle Praxisbeispiele reale Erfahrungen aus meiner Beratungsarbeit. Lediglich Personennamen und, wo geboten, Unternehmensnamen sind aus Gründen der Vertraulichkeit verändert. Doch sehen Sie selbst.

---

2 Vgl. Gallup-Institut, *Engagement-Index 2008*, S. 4–6.

3 Vgl. Pressemitteilung des Gallup-Instituts vom 14. Januar 2009.

Teil A
Der Befund:
Führung als standardisierender
Werkzeugkasten

Leinen los. Torsten Schumacher
Copyright © 2009 WILEY-VCH Verlag GmbH & Co. KGaA, Weinheim
ISBN: 978-3-527-50475-6

1
Messinstrumente –
oder: Die Urteilskraft geht verloren

a. Kennzahlenflut und Scheingenauigkeiten

Als ersten Instrumententypus setze ich mich mit den *Messinstrumenten* auseinander. Sie sind in besonderem Maße aufschlussreich. Der Befund ist eindeutig: Es gibt keinen relevanten Führungsaspekt, der nicht in allen erdenklichen Facetten mit einer Reihe von Kennzahlen scheinbar »messbar« gemacht worden wäre. Es gibt Kennzahlen für jeden erdenklichen Aspekt der Führung; einfach für alles. Eine erste Auswahl zu Beginn: Wir messen, wie viel Prozent unserer Mitarbeiter an welchen Universitäten mit welchen Noten und in welcher Zeit studiert haben und stellen nichtssagende Korrelationen, Mediane und Standardabweichungen her – wir wissen jedoch nicht, wie attraktiv unser Unternehmen für die besten Talente ist. Wir messen, welche Abteilungen wie viele Trainingstage im letzten Quartal in Anspruch genommen haben – wir wissen jedoch nicht, ob mit den Trainingsinhalten die individuellen Stärken gefördert werden. Wir messen im Rahmen von Auswahlprozessen nach allen Regeln der Kunst die fachlich-technischen Kenntnisse der Kandidaten – wir haben jedoch keinen blassen Schimmer davon, wie es um deren innere *Einstellungen* – insbesondere zur Selbstverantwortung – bestellt ist. Wir entwickeln immer kompliziertere Zahlenwerke für die Beurteilung unserer Leute – und merken dabei nicht, dass deren Leidenschaft und inneres Feuer genau dadurch erlöschen. Wir machen es nicht nur falsch, sondern konsequent falsch und befördern dann auch diejeni-

Leinen los. Torsten Schumacher
Copyright © 2009 WILEY-VCH Verlag GmbH & Co. KGaA, Weinheim
ISBN: 978-3-527-50475-6

gen mit den besten Zahlen – wir wissen jedoch nicht, ob sie sich überhaupt für die erstmalige *Führungs*aufgabe eignen. Es ist ein Leichtes, diese Liste zu verlängern.

Die Messvorhaben sind überall; wie giftige Pilze überwuchern sie jeden Winkel des Führungsraumes. Enorme Verwaltungsapparate und Bürokratiekosten sind die unausweichlichen Folgen. Noch schwerwiegender und im Führungskontext relevanter ist jedoch eine andere Folgewirkung: *individuelles Urteilsvermögen* wird zugeschüttet; Stück für Stück und in einem schleichenden Prozess. »In allen Bereichen werden Verhaltenskodizes, Richtlinien und Regeln aufgestellt, um Menschen vor der schwierigen Situation zu bewahren, eigenständig denken und aus der Erfahrung lernen zu müssen.«[4] Wir dürfen nicht die Augen davor verschließen, dass sich viele Unternehmen ein derartig engmaschiges Kennzahlennetz übergestülpt haben, dass die Charakterisierung »Messwahn« nicht übertrieben erscheint. Wir sollten anerkennen, dass das vernünftige Maß weit überschritten ist. Dabei benötigen wir gerade in Zeiten mit unsicheren wirtschaftlichen Rahmenbedingungen nichts so sehr wie die Fähigkeit einer unabhängigen eigenen Meinungsbildung, die sich aus Prinzipien statt Regeln ableitet und die auf die Scheingenauigkeiten des standardisierenden Werkzeugkastens bewusst verzichtet.

> Je mehr der Messwahn um sich greift, desto stärker leidet das individuelle Urteilsvermögen.

Entsprechend laufen dann die gängigen Management-Besprechungen nach dem immer gleichen Muster ab. Am Anfang werden die Geschäftszahlen der jüngeren Vergangenheit an die Wand geworfen. Es gibt niemand, der beim Anblick unzähliger Balken- und Tortendiagramme, Wachstumskurven und Excel-Tabellen nicht hier schon den Überblick verloren hat. Das gleiche Schauspiel dann für die Prognosen, lediglich ergänzt um den Faktor »Wunschdenken«. Bizarr kann es dann im nächsten Punkt werden, wenn Budgetabweichungen besprochen werden. Die entsprechenden Rechtfertigungsrituale nehmen breiten Raum ein. Vielleicht noch ein kleiner Blick in den Markt; nicht zu lang, denn die Beschäftigung mit den Zahlenfriedhöfen hat einfach sehr lange gedauert. Diskussionen um die Frage, wie attraktiv das eigene Unternehmen für die besten Talente ist? Warum eben diese gerade gekündigt haben? Was in Zukunft besser gemacht werden kann? Fehlanzeige.

Auch Peter Drucker, der vielleicht bedeutendste Management-Vordenker, hat dem Messdrang eine klare Absage erteilt: »Es gibt nur wenige Dinge, die ein fähiges Management so deutlich von einer unfähigen Unternehmensleitung unterscheiden, wie die Fähigkeit, Zielsetzungen gegeneinander abzuwägen. Ein Rezept dafür gibt es nicht; das Einzige, was sich sagen lässt, ist, dass dieses Abwägen nicht mechanischrechnerisch erfolgen kann.«[5] Der Messwahn kann geradezu absurde Stilblüten hervorbringen. Ein weitverbreitetes Beispiel, stellvertretend für zahlreiche ähnlich gelagerte Führungssituationen: Immer wieder zeigt sich, dass die Identifikation der Menschen mit dem Unternehmen, für das sie arbeiten, zu wünschen übrig lässt. Ein wichtiges Thema. Schwer greifbar allerdings. Die reflexartige Reaktion der Werkzeugkasten-Technokraten ist vorhersehbar: Es müssen Kennzahlen her, damit der Sachverhalt gemessen werden kann! Also überlegen viele Manager (es sind tatsächlich viele), dass es einen Zusammenhang zwischen Mitarbeiteridentifikation und Dauer der Beschäftigung gibt – und schon ist mit der durchschnittlichen Zugehörigkeitsdauer zum Unternehmen die passende Kennzahl gefunden. Dumm nur, dass sich mit mechanischer Sicherheit fatale Konsequenzen einstellen: Quereinsteiger mit frischen, unverbrauchten Ideen werden nicht mehr zugelassen – denn das würde ja die Kennzahl verschlechtern!

> Wir brauchen nicht mehr Kennzahlen und Quantifizie-
> rungen, sondern mehr Augenmaß und Urteilsvermögen.
> Messsysteme sind vermessen.

b. Ursachen des Messwahns

Es ist aufschlussreich, nach den Ursachen des Messwahns zu fragen. Wie ist diese Situation entstanden? Kein Kennzahlennetz fällt vom Himmel; kein Messgestrüpp wächst über Nacht. Naturgemäß sind die Antworten vielschichtig; ich will hier die zwei aus meiner Sicht wichtigsten nennen.

Zum einen hat eine tiefgreifende allgemeine Verunsicherung erhebliche Teile der Führungskräfte erfasst. Was waren das noch für Zeiten: Stabile Märkte ließen es zu, die wirtschaftlichen Entwicklungen einer Region oder Branche mit einiger Zuversicht recht verlässlich zu beschreiben. Wie lange ist das her? Gefühlte einhundert Jahre wahrscheinlich. Fast überflüssig zu erwähnen, dass die jüngste Finanz- und Wirtschaftskrise das Ausmaß dieser Verunsicherung in bisher unbekannte Regionen befördert hat. Es ist allerdings wichtig zu erkennen, dass die allgemeine Verunsicherung auch dann noch bleiben wird, wenn die größten Turbulenzen der jüngsten Krise hinter uns liegen werden. Dies hat wiederum verschiedene Ursachen. Die aus meiner Sicht wichtigste liegt in den geradezu tektonischen Verschiebungen der internationalen Arbeitsteilung, deren Anfänge wir gerade erst erleben. Diese Verschiebungen sind so tiefgreifend wie eben die damit zusammenhängende Verunsicherung und sie besitzen unmittelbare Führungsrelevanz, weil bestimmte Kompetenzen in unseren Breitengraden noch deutlich wichtiger werden, während wir mit anderen zukünftig keinen Blumentopf mehr gewinnen. Ich komme im zweiten Teil des Buches im Kapitel über individuelle Auswahl hierauf zurück.

Die tiefgreifende Verunsicherung ist ein äußerst fruchtbarer Nährboden für Messvorhaben aller Art. Je größer die Unsicherheit, desto kleinteiliger werden führungsrelevante Fragestellungen und Themen zergliedert und scheinbar messbar gemacht. Wo früher Prognosen über die Umsatz- oder Absatzzahlen für ein ganzes Geschäftsjahr ausreichten, werden heute monatliche Zahlenwerke berichtet – samt den Abweichungsanalysen und Rechtfertigungsritualen. Wo früher zwei bis drei Orientierungsgrößen zur Beurteilung von Vertriebsmitarbeitern ausreichten, werden heute wahre Kennzahlenkolonnen entwickelt, die konzentriertes Arbeiten – eine der wichtigsten Zutaten für gute individuelle Ergebnisse und Beiträge – erschweren statt erleichtern.

Neben der allgemeinen Verunsicherung heizt die blinde Übernahme angeblich »moderner« Modewellen im Management den Messdrang weiter an. Zwei Beispiele sollten hier zur Illustration ausreichen. Der Ursprung der ersten in diesem Zusammenhang relevanten Management-Modewelle liegt nach meiner Beobachtung etwa 15 bis 20 Jahre zurück. Im Rahmen ihrer Strategiediskussion thematisierten zahlreiche Unternehmen, unabhängig von Größe und Branche, Anfang der neunzehnhundertneunziger Jahre zunehmend einen fundamentalen Missstand: Zwischen der grundsätzlichen Ausrichtung des Unternehmens auf der einen Seite sowie dem konkreten Tagesgeschäft der Mitarbeiter auf der anderen Seite klaffte eine enorme Lücke. Kurz gesagt: Die Leute verstanden die Strategie des Unternehmens, für das sie arbeiteten, nicht – oder sie kannten sie erst gar nicht. Im Grunde gar kein neuer Befund, er rückte jetzt jedoch stärker in das Wahrnehmungsfeld vieler Unternehmensleitungen. Schon sprossen entsprechende Untersuchungen wie Pilze aus dem Boden. So berichtete beispielsweise das anerkannte *CFO Magazine* jährlich wiederkehrend, dass über 90 Prozent der Mitarbeiter und 60 Prozent der Führungskräfte kein klares Verständnis von der Strategie ihrer Organisation haben. Natürlich sind dies alarmierende Befunde. Nur wurde fdatalerweise in den meisten Unternehmen die falsche Schlussfolgerung gezogen: Kennzahlen müssen her! Messungen, Quantifizierungen – und alles wird gut.

Nicht zufällig wurde zur gleichen Zeit vom amerikanischen Harvard-Professor Robert S. Kaplan das Instrument der Balanced Scorecard (übersetzt etwa: ausgewogenes Zielsystem) erfunden. Der Anspruch dieses Ansatzes besteht genau darin, die oben skizzierte Lücke zwischen Unternehmensstrategie und operativem Tagesgeschäft zu schließen. Nachdem erste amerikanische Firmen das Konzept Anfang der neunzehnhundertneunziger Jahre implementiert hatten, hielt es einige Jahre später auch Einzug in die deutsche Unternehmenslandschaft. Heute arbeiten fast alle Großorganisationen und zunehmend auch mittelständische Unternehmen mit diesem Instrument. Die verheerende Begleiterscheinung: Aus der latent vorhandenen Neigung zur Messung und Quantifizierung ist eine wahre Kennzahlenflut geworden. Die Erfinder der Balanced Scorecard – und mit ihnen eine Heerschar der auf den rollenden Zug aufspringenden Berater und Scheinexperten – empfehlen, die Strategie einer Organisation mit 20 strategischen Zielen abzubilden und dann jedes dieser Ziele durch ein bis zwei (in »schwierigen« Fällen drei) Kennzahlen messbar zu machen. [6] So sind unzählige Zielsysteme mit 30–50 Kennzahlen entstanden, die eine entscheidende Gemeinsamkeit zeigten: Ihre Komplexität ist nicht mehr beherrschbar. Zumal im nächsten Schritt dann noch Zielsysteme für die nachgelagerten Organisationseinheiten (Geschäftsbereiche, Abteilungen, Tochterunternehmen usw.) abgeleitet wurden, was die Anzahl der verwendeten Kennzahlen in der Regel deutlich in den dreistelligen Bereich katapultiert hat. Die vielen Anhänger dieser Alles-ist-messbar-Euphorie erfanden immer neue Kennzahlen und brachten ihre technokratische Einäugigkeit durch berühmt gewordene Aussagen wie »What gets measured, gets done – Was gemessen wird, wird auch erledigt« unmissverständlich zum Ausdruck. Das ist, mit Verlaub, Blödsinn.

Leider sind die Menschen in unseren Unternehmen und damit Führungsaspekte sehr prominent von den Messvorhaben erfasst worden, ja »Personal« wurde neben der finanzwirtschaftlichen Unternehmensdimension, den internen Geschäftsprozessen sowie der Markt- bzw. Kundenperspektive explizit als eines der vier besonders wichtigen Messfelder etabliert. Kein Wunder also, dass der eingangs skizzierte Kennzahlensalat die Führungsrealität in vielen Unternehmen widerspiegelt. Um empörten Reaktionen all derer, die unendlich viel Zeit in den Aufbau komplexer Kennzahlensysteme investiert haben (und sich heute mit deren Management herumschlagen), gleich vorzubeugen: Ich erkenne an, dass hiermit ein wirkliches Problem – namentlich die mangelnde Umsetzung von Unternehmensstrategien – adressiert werden soll. Ich erkenne somit die guten Absichten an. Aber wie wir wissen, ist gut oftmals das Gegenteil von gut gemeint.

> Hierauf kommt es an: Die besten Leute gewinnen, fördern und halten. Nicht messen, quantifizieren und Scheingenauigkeiten produzieren.

Natürlich gibt es Faktoren, deren Messung durchaus Sinn macht. Dazu gehören beispielsweise Alterspyramiden und die sich daraus ableitende altersbedingte Fluktuation. Solche Daten haben in der Tat praktische Relevanz. Sie sind übrigens in aller Regel leicht zu messen. Aber wer will denn ernsthaft behaupten, dass Themen wie Mitarbeiterzufriedenheit oder das Ausmaß unternehmerischen Denkens und Handelns zuverlässig gemessen werden können. Gerade die besonders wichtigen Führungsfragen lassen sich nur mit großem Aufwand oder gar nicht messen.

Die zweite Management-Modewelle, deren blinde Übernahme den Quantifizierungsdrang weiter verstärkt und den Messfanatikern geradezu Tür und Tor geöffnet hat, heißt *Benchmarking*. Verbreitungsgrad nahe bei 100 Prozent. Ein wahrer Hype beschäftigt Manager und Berater gleichermaßen. Mit teilweise unglaublichem Aufwand werden die eigenen Geschäftsprozesse, Abteilungen, Verwaltungskosten, Beschäftigtenzahlen und vieles mehr mit dem – scheinbaren – Äquivalent anderer Organisationen verglichen. Ein wahres Paradies für Technokraten und Erbsenzähler. Die Folge: Auf eine bestehende Messung kommen nun drei neue. Die nach öffentlichem Applaus haschenden Verlautbarungen hören sich dann etwa so an: »Seht her, wir kochen nicht im eigenen Saft, sondern stellen uns dem Vergleich mit anderen.« Das klingt gut und modern. Ich halte hier schwerwiegende Zweifel aus zwei Gründen für angebracht.

Erstens fehlen in den allermeisten Fällen die Grundlagen für eine halbwegs belastbare Vergleichbarkeit. Benchmarking ignoriert die Einzigartigkeit jeder Organisation mitsamt ihrer Entwicklungsgeschichte. Wenn der Verwaltungskostenanteil bei Unternehmen A bei 22 Prozent liegt und bei Unternehmen B bei 28 Prozent, dann kann Unternehmen B dennoch in Wirklichkeit »schlanker« aufgestellt sein. Unterschiedliche Inhalte, Berechnungsmethoden, Ergebnisqualitäten, Leistungserstellungsprozesse, Abgrenzungen und vieles mehr führen eben dazu, dass die Komplexität der beiden Unternehmensteile *nicht* in eine Excel-Tabelle gegossen werden kann. Etwas anders sieht es aus – das räume ich gern ein –, wenn solche Übungen einen Ergebnisunterschied von mehreren Hundert Prozent zeigen. Ich erinnere mich beispielsweise an ein Energieversorgungsunternehmen, das für die Erstellung von Stromrechnungen pro Privathaushalt interne Kosten von 40 Euro ermittelt hatte. Nach langem Hin und Her und vielen Diskussionen über die Nicht-Vergleichbarkeit zeigte das Ergebnis, dass einige Energieunternehmen mit ähnlicher Größe hierfür 10 Euro benötigten. Betretenes Schweigen. 30 Euro Differenz – und das bei etwa einer Million Kunden. Selbst bei groben Ungenauigkeiten im Vergleich des Nicht-Vergleichbaren wurde klar, dass hier ein Verbesserungsvolumen im zweistelligen Millionenbereich lag; und das Jahr für Jahr. Zeigt das Beispiel also, dass Benchmarking doch Sinn macht? Mitnichten. Meine Schlussfolgerung hört sich zwar nicht schön an, aber sie kommt aus tiefer Überzeugung und ist erfahrungsgestützt: Benchmarking mag den einen oder anderen Hinweis geben für die allerlahmsten Nachzügler, die wieder Anschluss ans Mittelfeld – pointierter: Mittelmaß – gewinnen wollen. Herzlichen Glückwunsch. Für alle anderen ist es überflüssig.

Zweitens sollten wir endlich Folgendes erkennen: Wer sich auf dem Weg zur Einzigartigkeit wirklich von seinen Wettbewerbern absetzt, der vergleicht sich eben gerade *nicht* mit ihnen – sondern stellt die Paradigmen einer Branche infrage und durchbricht Branchenregeln, die als unantastbar gelten.[7] »Wer immer nur die Konkurrenz der eigenen Branche beobachtet, wird ihr auch immer nur hinterherlaufen.«[8] Pointiert ausgedrückt:

Benchmarking soll von der eigenen Ideenlosigkeit ablenken.

Natürlich gibt es weitere Management-Modewellen, die dem Messdrang Vorschub leisten; aber *Zielsysteme mit deutlich zu vielen Kennzahlen* und *Benchmarking* sind die wichtigsten.

c. Wie es besser geht

Ich habe dargestellt, dass der Messwahn unzählige Scheingenauigkeiten produziert, die die Aufmerksamkeit zunehmend auf Nebensächlichkeiten lenken, die kaum eine Bedeutung für die Führungsqualität haben oder gänzlich irrelevant sind. Die strategisch wichtigen Fragestellungen geraten aus dem Blickfeld. Es geht aber auch anders. Sehen wir uns dazu ein Beispiel aus meiner Beratungsarbeit an. Der Kunde, eine mittelständische Regionalbank, hatte mich gebeten, das aktuelle Führungsverständnis und -verhalten zu analysieren und zu bewerten, wie gut es zu den strategischen Zielen des Unternehmens passte. Bereits nach kurzer Zeit zeigte sich ein krasser Widerspruch zwischen proklamierten Freiräumen und dem Anspruch weitgehender Selbststeuerung auf der einen Seite und einem engmaschigen, kennzahlenbasierten Instrumentarium zur Leistungsbewertung auf der anderen Seite. Etwa im Vertrieb: Jeder Vertriebler hatte individuelle Ziele bis hinunter auf die Produktebene, nach dem Motto: Du musst soundso viele Bausparverträge verkaufen, soundso viele Fondsanlagen und so weiter. In Summe ein Gestrüpp aus sechzehn unterschiedlichen Zielen, das zwei weitverbreitete Folgewirkungen zeigte: Zum einen verzettelte sich ein immer größerer Teil der Vertriebsmannschaft in diesem Gestrüpp, die Prioritäten verschwammen und wurden schließlich gar nicht mehr erkannt. Wie gesagt: *konzentriertes* Arbeiten, nach Peter Drucker *der* wichtigste Schlüssel zu guten Ergebnissen, ist schwer genug – und muss daher durch gute und richtige Führung *erleichtert* werden; und nicht erschwert, wie in diesem ganz typischen Fall. Auch die zweite Wirkung war vorhersehbar. Das *eine entscheidende* Thema, auf das es in diesem speziellen Unternehmensbeispiel wirklich ankam, geriet aus dem Blickfeld und wurde überhaupt nicht mehr gemessen. Dabei handelt es sich um das sogenannte Cross-Selling, also das Mitverkaufen von Produkten aus anderen Geschäftsbereichen, etwa dadurch, dass der Inhaber des mittelständischen Bankkunden eben auch als Privatperson gesehen wurde. *Darauf* aber kam es an, denn die beiden weitgehend isoliert voneinander arbeitenden Bankbereiche »Geschäftskunden« und »Privatkunden« mussten dringend stärker zusammengeführt werden. Also haben wir das bestehende Zielgestrüpp in den Papierkorb geworfen (ein mutiger, radikaler Schritt des Vorstandes) und es durch einen *einfachen* Gegenentwurf ersetzt: ein Umsatzziel, ein Rentabilitätsziel – und eben ein Cross-Selling-Ziel. Nur drei Ziele. Mehr nicht. Ich erinnere mich noch genau an das entscheidende Gespräch mit den Vorständen, als ich die Projektergebnisse und -empfehlungen präsentierte: »Haben Sie Mut! Entschlacken Sie Ihr hausgemachtes Zielgestrüpp; es produziert Scheingenauigkeiten, unterstützt aber nicht die strategische Ausrichtung des Hauses. Und vor allem: Es behandelt Ihre Vertriebsmannschaft wie Kleinkinder.« Zwanzig Sekunden Schweigen. Eine kleine Ewigkeit. »Dann müssen wir aber davon ausgehen, dass unsere Vertriebsleute eigenverantwortlich handeln und keines der uns so wichtigen Produkte unter den Tisch fallen lassen.« »Genauso ist es. Sie lassen Ihre Leute damit in der Verantwortung. Sie gehen den ersten Schritt in eine Vertrauensbeziehung hinein. Und: Sie reduzieren das Messgestrüpp auf das minimal notwendige Maß und fördern damit etwas, was wir dringender denn je benötigen: individuelle Urteilskraft. Vielleicht wird es in Einzelfällen Reibungen geben, aber ich garantiere Ihnen, dass Sie insgesamt nicht enttäuscht werden.« Die positiven Wirkungen dieser Entschlackung waren schon nach weniger als einem vollen Geschäftsjahr sichtbar: Kundenkontakte und Geschäftsmöglichkeiten wurden immer stärker zwischen den beiden Bereichen der Bank ausgetauscht. Es wurde das beste Jahr seit Langem. Dabei ist der Umsatz- und Ergebniszuwachs nur der eine Teil dieser Erfolgsgeschichte. Der andere (viel schwerer messbare!) ist die kulturelle Veränderung weg von kategorischer Abschottung nach innen, hin zu freiwilliger Zusammenarbeit im Interesse der Kunden. Ich brauche wohl nicht zu erwähnen, dass mir dieser kulturelle Teil als mindestens genauso wichtig erscheint wie der Zahlenteil.

> Je wichtiger ein Führungsthema,
> desto schwerer ist es zu messen.

Nach diesem Beispiel noch eine generelle Anmerkung zur Frage, wie es besser geht. Nach meiner Beobachtung sind mindestens zwei Drittel der unzähligen Verbesserungsprojekte falsch aufgesetzt. Sie beziehen sich auf das falsche Paradigma. Es ist das Paradigma der Effizienz (»Machen wir die Dinge richtig?«). Wer jedoch das über die Jahre immer dichter gewordene Mess-Gestrüpp ernsthaft aufhellen will, der muss es ersetzen durch das Paradigma der Effektivität (»Machen wir die richtigen Dinge?«). Übrigens haben externe Berater, die bei diesem Thema häufig engagiert werden, nach meinem Verständnis auch und gerade die Aufgabe, das zugrunde liegende Paradigma zu hinterfragen und auf seine Wirksamkeit hin zu überprüfen. Ich erspare mir zu beziffern, wie häufig das (nicht) stattfindet. Aber genau hier trennt sich eben die Spreu vom Weizen. Beispiel Kostenverbesserungen: Wer zum siebten Mal das Kostensenkungsvorhaben als Prozessoptimierung aufsetzt und damit nach effizienteren Abläufen sucht, der wird kaum nennenswerte Effekte erzielen. Nicht die Anzahl der Arbeitsschritte bei der Lohn- und Gehaltsabrechnung zu reduzieren (Effizienz) ist wesentlich, sondern die Frage, ob diese Leistung überhaupt noch innerhalb der eigenen Organisation erbracht werden sollte (Effektivität). Nicht die schnellere Erstellung eines bestimmten Berichtes (Effizienz) ist wesentlich, sondern die schonungslose Antwort auf die Frage, wer den Bericht überhaupt liest und welchen Nutzen er stiftet (Effektivität). Und in Bezug auf die vielen Messvorhaben: Nicht auf deren immer detailliertere Ausgestaltung kommt es an, sondern auf die Frage, ob ein bestimmtes Messvorhaben überhaupt *Sinn* macht.

d. Fazit: Es gibt keinen Autopiloten im Führungs-Cockpit

Ich habe in diesem ersten Kapitel die wichtigsten *Ursachen* für den überall zu beobachtenden Messwahn analysiert. Es ist zunächst die allgemeine und tiefgreifende Verunsicherung, die weite Teile des Managements erfasst hat. Sie wird auch nach der jüngsten Wirtschafts- und Finanzkrise bestehen bleiben, was sich im Wesentlichen aus geradezu tektonischen Verschiebungen in der internationalen Arbeitsteilung erklärt. Die zweite zentrale Ursache liegt in der blinden Übernahme sogenannter moderner Modewellen im Management. Ich habe hierfür Zielsysteme mit deutlich zu vielen Kennzahlen und Benchmarking als prominente Beispiele aufgeführt.

Des Weiteren habe ich die fatalen Folgewirkungen des grassierenden Messwahns herausgestellt:

- Individuelle Urteilskraft geht schrittweise verloren. Hierauf kommt es aber gerade an; insbesondere in schwierigen Zeiten mit unsicheren wirtschaftlichen Rahmenbedingungen.
- Es werden vor allem Scheingenauigkeiten produziert. Gleichzeitig geht der Blick fürs Wesentliche verloren.
- Die Flut von Messvorhaben zieht immense Bürokratiekosten nach sich, die zwar in keiner Kostenrechnung stehen, aber das betriebliche Miteinander einschränken und lähmen. Niemand bewegt wirklich etwas mit »Dienst nach Kennzahl«.

Schließlich: Kennzahlenwerke und Messinstrumente führen zu der Neigung, Führungskräfte aus ihrer individuellen Verantwortung zu entlassen. Das funktioniert nicht. Es wird niemals einen Autopiloten im Führungs-Cockpit geben. Niemals.

4 Furedi, *Behandeln Sie Mitarbeiter wie Erwachsene!* S. 124.
5 Drucker, *Management*, S. 112.
6 Auch ich selbst hatte einige Hoffnungen mit der Balanced Scorecard verbunden und seit Mitte der neunzehnhundertneunziger Jahre in verschiedenen Beratungsprojekten deren Einführung begleitet. Dabei habe ich stets darauf hingewirkt, dass die Scorecard nicht als mechanistisches Kennzahlen-Werkzeug missbraucht wird, sondern als Plattform für die Integration verschiedener strategischer Vorhaben dient. Vgl. Schumacher, »Die Mär der strategischen Ausrichtung«, in: *Frankfurter Allgemeine Zeitung*, 12. Februar 2001, S. 31.
7 Ich habe an anderer Stelle verschiedene Unternehmensbeispiele hierfür aufgeführt. Vgl. Schumacher, *Wenn Du viel erreichen willst, tue wenig – Einfache Führung durch Klarheit, Freiheit und Konsequenz*, S. 96–105.
8 Förster/Kreuz, *Alles, außer gewöhnlich*, S. 47.

2
Motivations- und Anreizinstrumente – oder: Gib dem Affen Zucker

a. Misstrauen als Ausgangspunkt

Auch *Anreizinstrumente* haben einen Verbreitungsgrad erreicht, der im hohen neunziger Prozentbereich liegt. Ich konzentriere mich zunächst auf die hinter den verschiedenen Anreizinstrumenten liegende Logik, um anschließend die gängigsten Anwendungen zu entlarven. Zunächst zur Logik, zum gedanklichen Fundament der Anreizinstrumente: Sie sind durch Misstrauen geprägt. Dies zu erkennen, erscheint mir fundamental. Wer seinen Leuten Anreize wie Boni und andere variable Gehaltsbestandteile anbietet, glaubt offensichtlich nicht daran, dass die Mitarbeiter *von sich aus* ihren bestmöglichen individuellen Beitrag leisten. Die Logik klingt wie folgt: »Ich misstraue dir, deswegen bekommst du auch zunächst nur einen Teil des Geldes (Grundgehalt genannt), den Rest überweisen wir dir erst und nur dann, wenn du artig gewesen bist und XYZ erledigt hast.« Diese Giftpille bekommt dann eine hübsche Verpackung, auf der »leistungsbezogenes Einkommen« steht. Aber es ist »misstrauensbasiertes Einkommen« drin.

> Die typischen Anreiz- und Belohnungsrituale erinnern an Hundedressur.

Das ist die bittere Realität in neun von zehn Unternehmen bzw. Verantwortungsbereichen. Der Ausgangspunkt solcher

Leinen los. Torsten Schumacher
Copyright © 2009 WILEY-VCH Verlag GmbH & Co. KGaA, Weinheim
ISBN: 978-3-527-50475-6

Anreiz- und Belohnungsrituale lässt sich mit einem Wort beschreiben: Misstrauen. Das dahinterliegende Menschenbild ist das des Leistungsverweigerers.

b. Abschreckung für die besten Talente

Wir alle wollen die besten Talente für unsere Organisation gewinnen. Niemand würde behaupten, dass dieses Ziel nicht ziemlich weit oben auf der Führungsagenda steht; häufig steht es *ganz* oben. Nur wenige durchdringen allerdings die Frage, was denn die besten Talente anzieht und was nicht. Die Hartnäckigkeit, mit der an überholten und irreführenden Paradigmen festgehalten wird, ist bemerkenswert. Werfen wir also zunächst einen Blick auf die Frage, wie die typischen Motivations- und Anreizinstrumente auf die besten Talente wirken. Auch wenn es sich inzwischen herumgesprochen hat, dass der sogenannte »War for Talent« voll entbrannt ist, wurde allerdings die Gebrauchsanleitung zum Gewinnen und Halten der besten Talente nicht mitgeliefert. Die Werkzeugkasten-Technokraten suchen sie immer noch in den tief verwinkelten Fächern ihrer standardisierenden Instrumentenkiste und greifen auf ziemlich dumpfe Anreizmechanismen zurück: hier eine fette Zahlung für die Vertragsunterschrift – neudeutsch *Signing Bonus* genannt – dort dann dicke Pakete aus Aktien, Optionen und sonstigem Müll, der keinerlei Bindung erzeugen kann, und das Luxusauto als Firmenwagen kostenlos obendrauf. Großartig. Dummerweise ist es nur so, dass die besten Leute all das nicht primär interessiert. Es ist ihnen nicht *wirklich* wichtig. Natürlich erwarten die Top-Leute eine herausragende Bezahlung für herausragende Leistung, aber einen *Unterschied* im Wettbewerb zu anderen Unternehmen macht damit niemand. Im Gegenteil: Die Top-Leute erkennen die misstrauensbasierte Logik der Motivations- und Anreizmechanismen. Sie schreckt sie ab. Sie müssen nicht von *außen* durch Hurra-Geschrei und prall gefüllte Geldsäcke motiviert werden, denn das sind sie bereits. Sie sind in aller Regel von *innen* – intrinsisch – motiviert und wollen einen eigenen Beitrag mit einer spannenden und sinnvollen Aufgabe in einem inspirierenden Umfeld leisten. *Darauf* kommt es ihnen an. Ich werde im Kapitel über individuelle Begleitung ausführlich erläutern, wie eine dauerhafte und belastbare Motivation entsteht.

> Die besten Talente finden äußere Anreize überflüssig, abschreckend oder beleidigend.

Bedenken Sie stattdessen: Wer die Geldsäcke derart stark in den Vordergrund stellt, zieht damit genau diejenigen an, die dann jedes Jahr in quälend langen Verhandlungen ihre eigenen Boni und Gesamtpakete optimieren. Um die Folgen ihres Handelns für das Unternehmen und darüber hinaus scheren sich diese Leute einen feuchten Dreck. Die jüngste Finanz- und Wirtschaftskrise hat genau hier eine ihrer stärksten Wurzeln.

> Das Paradigma der Anreizspirale ist eine der tiefliegenden Ursachen der jüngsten Finanz- und Wirtschaftskrise.

Es ist somit nicht nur aus Sicht der einzelnen Organisation, sondern auch volkswirtschaftlich bzw. gesellschaftlich allerhöchste Zeit, diesen Unfug zu beenden. Wir müssen die mit dem Paradigma der Anreizspirale verbundene *kurzfristige Effekthascherei* ersetzen durch eine Orientierung an *langfristiger Wettbewerbsfähigkeit*. Wir müssen nicht mehr die Gier füttern, sondern erkennen, worauf es *wirklich* ankommt. Warum wird nicht beispielsweise das Gehalt der Spitzenkräfte auch an ihre Integrität gekoppelt? [9)]

c. Goldene Ketten sind dünn

Auf diesem Weg gibt es viel zu tun. Sehr viel sogar. Denn das Einsatzfeld der unsäglichen Motivations- und Anreizinstrumente beschränkt sich keinesfalls auf das Werben um die besten Talente; es begleitet uns *auf Dauer*. In besonderer Weise aufschlussreich sind dabei solche Anreizinstrumente, die als goldene Ketten daherkommen: Deren häufigste Ausprägung sind Aktien- oder Aktienoptionspakete. Dabei können die Empfänger die ihnen zugeteilten Pakete nur über einen langen, mehrjährigen Zeitraum realisieren. Die dahinter liegende Logik ist wiederum durch Misstrauen getrieben: »Lieber Mitarbeiter, ich misstraue dir und deswegen bekommst du diesen Teil deines Einkommens erst, wenn du so und so viele Jahre innerhalb dieser Mauern verbracht hast.« (Bei manchen: Wir wissen, dass wir dich schlecht behandeln, deswegen brauchen wir ja goldene Ketten.) Dabei sind Aktien- und Aktienoptionsprogramme in der Regel für die Führungskräftemannschaft bestimmt. Gerade der Kreis, der in besonderem Maße das Unternehmen voranbringen soll, von dem wir besonders signifikante Beiträge erwarten können – genau dieser Kreis ist Zielgruppe der goldenen Ketten? Traurig, aber wahr.

> Wir trauen nicht einmal den sogenannten Führungskräften zu, dass sie leistungsorientiert sind und sich grundsätzlich binden wollen.

Armutszeugnis oder Bankrotterklärung? Wohl beides.

Es gibt allerdings Licht am Horizont: Allmählich scheint sich die Erkenntnis durchzusetzen, dass goldene Ketten dünn sind. Während im Jahr 2000 noch 52 Prozent der Dax-Unternehmen mit Aktienoptionspakten – erfolglos – versucht haben, ihre Führungskräfte an das Unternehmen zu binden, hat sich dieser Wert inzwischen auf 27 Prozent nahezu halbiert.[10] Eine wohltuende Reduzierung eines überflüssigen und schädlichen Anreizinstrumentes und damit ein wohltuendes Stück Rückbesinnung auf richtige und gute Führung. Es ist allerdings nur *ein* Schritt eines längeren Weges.

d. Fehlentwicklungen

Anreizinstrumente ziehen eine ganze Reihe in die Irre führender Konsequenzen nach sich, von denen die folgenden sechs besondere Beachtung verdienen.

Erstens verleiten Anreize zu Selbstoptimierungen. Es zählt nicht mehr die eigentliche Aufgabe und die damit verbundenen Ergebnisse, sondern der – oft monetäre – Anreiz steht im Mittelpunkt. Wenn beispielsweise das Einkommen des Vertriebsleiters zu 25 Prozent von quartalsweisen Verkaufszahlen abhängt, werden genau diese Quartalszahlen in den Mittelpunkt seiner Aufmerksamkeit rücken und nicht die Pflege der mittel- bis langfristigen, belastbaren und auf Vertrauen basierenden Kundenbeziehungen. Das geht sicher ein paar Quartale gut. Dann jedoch bekommen die ersten Kundenbeziehungen Kratzer, die ersten Kunden brechen weg. Die Abwärtsspirale beginnt. Optimiert wird nicht mehr der individuelle Beitrag für das Unternehmen, sondern der eigene Vorteil. Aus der Frage »Was kann ich tun, um einen möglichst großen Beitrag zum Gesamtergebnis zu leisten?« wird die Geisteshaltung »Was muss ich tun, um eine möglichst große Belohnung zu erhalten?«. So geht, ganz nebenbei, auch die Orientierung an Ergebnissen – eine der wichtigsten Zutaten für gute und richtige Führung – verloren. Und damit schaffen die Anreizsysteme dann genau das Gegenteil dessen, wofür sie etabliert wurden. Eigen- statt Gemeinsinn. Kurzfristige Sicht statt langfristiger Strategie. Innen- statt Außenorientierung. Partikularinteressen statt Gesamtoptimum. Konkurrenz statt Kooperation. Entfremdung statt Identifikation. Die Liste ließe sich leicht verlängern. Doch noch ein Punkt: Die genannte Abwärtsspirale führt zu noch mehr Messung.

Auch wenn der Vergleich für manche provokant klingen mag, es ist wie bei schlechter Kindererziehung: Wer sich den leer gegessenen Teller mit Süßigkeiten als Nachtisch erkauft, der kann fest davon ausgehen, dass der Teller nur aus einem Grund leer wird – wegen des ungesunden Anreizes. Wer seine Kinder zur Erledigung der Hausaufgaben mit einem anschließenden Video »motiviert«, erzielt den gleichen Effekt: Nicht das eigentliche Ergebnis, z.B. gründlich und konzentriert erledigte Mathe- oder Deutsch-Hausaufgaben, steht im Blickpunkt, sondern das Video als Anreiz.

Zweitens leiten uns Anreizsysteme mit mechanischer Sicherheit auf die Wege des geringsten Widerstandes. Nicht der schwierige Kunde, der aber eine langfristige Zusammenarbeit mit hohem Geschäftsvolumen bringen könnte, wird angesprochen, sondern derjenige, der den schnellen Abschluss ohne große Hürden verspricht; auch wenn er strategisch noch so unwichtig für die eigene Organisation ist. Nicht die anspruchsvolle Aufgabe, die erst mittel- bis langfristig sichtbare Wirkungen zeigen kann, wird angepackt, sondern der Kleinkram des Routinegeschäftes wird mechanisch abgearbeitet. Damit erhält das ungesunde Paradigma der Effizienz zusätzliche Nahrung. Weitere Tendenzen sind: Menge statt Qualität, Standard und Routine statt Kreativität, Planerfüllung statt Unternehmertum. Diese einfachen Wege zu beschreiten hat sogar eine gewisse Logik, denn sie führen ja direkt zum eigenen Bonus.

> Anreizsysteme zerstören das Besondere, Kreative, Mutige, Aus-der-Reihe-Tanzende, langfristig Belastbare.

Und die Unternehmensleitung wundert sich, dass schon seit Urzeiten kein überraschender Vorschlag, keine ungewöhnliche Idee mehr vorgestellt wurde. Sie wundert sich des Weiteren, dass die Aktivitäten der Kundenpflege und -betreuung, die nicht direkt mit einem Abschluss zu tun haben, immer seltener werden. In einem schleichenden Prozess sägt die Organisation an den Ästen, auf denen sie sitzt.

Drittens, ist mit Anreizen fast immer eine Spirale des »Immer-höher-weiter-schneller« verbunden. Sehen wir uns Belohnungsreisen als typisches Anreizbeispiel in diesem Zusammenhang an. Was mit der eintägigen Butterfahrt nach Helgoland begann und über das verlängerte Wochenende in der Provence führte, endet mit Heliski am Vorarlberg. Wo früher gemeinsam gezeltet wurde (hiervon erzählen viele Mitarbeiter immer noch begeistert), reichen heute vier Sterne schon nicht mehr aus. Wo früher ein Trainee mit der Reiseorganisation als Projektaufgabe betreut wurde, wird heute die sündhaft teure Event-Agentur beauftragt.

> Anreize erhöhen das Anspruchsniveau und -denken.

Die typischen Begleiterscheinungen heißen: Nörgeln, aggressive Langeweile und Larmoyanz. Die Energie wird ins Mäkeln und Lamentieren umgelenkt. Nur nebenbei: Es sind diejenigen, die eine Erhöhung der Wochenarbeitszeit von 35 auf 36 Stunden als »unzumutbar« und »Raubtierkapitalismus« bezeichnen. Als im gleichen Unternehmen noch deutlich über 40 Stunden gearbeitet wurde, hat sich niemand darüber beschwert.

Viertens, ziehen Bonustöpfe, Belohnungsreisen und Co. in der Regel Verteilungskämpfe nach sich, die teilweise erbittert geführt werden. Die hierbei gezeigte Härte wäre besser eingesetzt, wenn es um die Vertretung der Interessen des Unternehmens, etwa in schwierigen Kundenverhandlungen, geht. Mit dem Verteilungskampf paart sich häufig noch eine von den meisten empfundene Gerechtigkeitslücke. Schließlich habe ich mich mindestens genauso angestrengt wie Kollege Conrad, der die Reiseprämie bekommen hat. Und warum erhält Dampfplauderer Düsenberg überhaupt einen Bonus? Der lebt doch nur noch von den Kundenkontakten seines Vorgängers. Denken Sie an Kapitel eins: Mit der Fähigkeit zu individuellem Urteilsvermögen wäre das nicht passiert …

Fünftens ist es nur noch ein kleiner Schritt von der Orientierung an Anreizmechanismen bis zum Graubereich von Zahlenkosmetik und Buchungsverschiebungen. Jeder kennt den Vertriebler, der seinen Bonus bereits im November sicher hat und nun, im Dezember, einfach keinen Abschluss mehr hinbekommt. »Man will ja nichts verschenken.« Reden wir Klartext: Das ist unternehmensschädigend und Betrug. Genauso natürlich auch in der anderen Richtung, wenn die bonusrelevanten Zahlen kurz vor Toresschluss noch nicht erreicht sind. Zunächst wird versucht, die Kundenunterschriften danach auszurichten, wann der Referenzzeitraum für die eigene Bonuszahlung abläuft (was schon tief blicken lässt). Wenn das alles nicht funktioniert, bleiben nur noch Luft- und Scheinbuchungen, die später wieder storniert werden. Meistens.

Sechstens führen Motivations- und Anreizinstrumente tendenziell zu Fremdbestimmung. Nicht mehr die Aufgabe, die *ich selbst* gestalte, steht im Mittelpunkt, sondern die Belohnung, die *andere* mir gütigerweise zukommen lassen (oder auch nicht). Wer sein Unternehmen mit Anreizinstrumenten überzieht, bekommt im Ergebnis eine Horde belohnungssüchtiger, unmündiger Bonusempfänger. Sie wollen lieber selbstverantwortliche, eigenständige Führungspersönlichkeiten mit Eigeninitiative? Gut, sehr einverstanden. Dann räumen Sie endlich das Anreizfach des Werkzeugkastens leer!

e. Fazit: Die Anreizspirale schießt Eigentore

Die typischen und weit verbreiteten Motivations- und Anreizinstrumente sind in besonderem Maße gefährlich, da sie gleich eine Vielzahl negativer Folgewirkungen mit sich bringen. Sie

- laden zu Selbstoptimierungen ein,
- führen auf den Weg des geringsten Widerstandes,
- erhöhen katapultartig das Anspruchsniveau und -denken,
- bringen Verteilungskämpfe und eine gefühlte Ungerechtigkeit mit sich,
- liegen nahe am Graubereich von Zahlenkosmetik und Scheinbuchungen,
- führen tendenziell zu Fremdbestimmung.

Der standardisierende Werkzeugkasten ist ein Drogenschrank. Mega-Boni gehören zu seinen gefährlichsten Giftpillen.

Schließlich: Anreiz- und Motivationsinstrumente ziehen die besten Talente nicht nur nicht an, sondern stoßen sie geradezu ab. Wer eigenverantwortliche Persönlichkeiten haben will, die von innen motiviert sind, sollte dieses Fach des Werkzeugkastens schleunigst leerräumen. Aber bitte gründlich.

---

9 Vgl. Heinemann, *Warum integre Manager mehr verdienen sollten*, S. 8.

10 Vgl. Claus G. Schmalholz, »Steiler Anstieg«, in: *Manager Magazin*, Nr. 1, 37. Jahrgang, S. 142.

3
Beurteilungsinstrumente – oder: Sag mir, wie ich bin

a. Es gibt keine Objektivität

War die Leistung von Schröder besser, oder hat Müller-Lüdenscheid einen höheren Bonus verdient? Oder vielleicht doch Bornenkamp? Mit *Beurteilungsinstrumenten* ist insbesondere die Hoffnung verbunden, hiermit einen Bezugsrahmen, ein Referenzmodell für *Objektivität* zu gewinnen. Je systematischer und detaillierter Leistung gemessen werde, so der Irrglaube vieler Führungskräfte, desto sicherer und objektiver seien die Beurteilungen.

Als Ergebnis unzähliger praktischer Beobachtungen muss ich allerdings feststellen, dass diese Hoffnung ein Trugschluss ist.

> Es gibt keine Objektivität.

Wir alle, und ich meine wirklich *alle*, führen unsere Beurteilungen auf der Basis höchst subjektiver und selektiver Wahrnehmungen durch. Sie sind das Produkt ganz individueller und damit subjektiver Prägungen, Erfahrungen und Einstellungen sowie zusätzlicher situativer Einflussfaktoren. Sehen wir uns ein Beispiel zur Illustration an. Sie sind Vertriebsleiter eines international aufgestellten mittelständischen Maschinenbauunternehmens und haben das Auftragseingangsziel, bei konstanter Marge, zu 95 Prozent erreicht. Ihre eigene Wahrnehmung könnte etwa lauten: »Bei schwierigem

Leinen los. Torsten Schumacher
Copyright © 2009 WILEY-VCH Verlag GmbH & Co. KGaA, Weinheim
ISBN: 978-3-527-50475-6

Marktumfeld ist das Auftragseingangsziel fast vollständig erreicht, dazu konnte die Marge trotz des allgemeinen Preisdrucks gehalten werden. Zusätzlich haben die wichtigsten Wettbewerber relativ starke Einbrüche zu verzeichnen, wodurch unser Marktanteil gestiegen ist. Ein richtig gutes Jahr.« Ganz anders jedoch der Vertriebsgeschäftsführer: »Schon im zweiten Jahr hintereinander ein Rückgang; so kann es nicht weitergehen. Und in den USA, unserem wichtigsten Absatzmarkt, haben wir überproportional verloren. Ein richtig schlechtes Jahr.« Wiederum anders die Sichtweise aus dem Gesellschafterkreis: »Der Vertriebsleiter hat eine neue, junge Führungsmannschaft etabliert, die vielversprechende Arbeit leistet. Allerdings haben wir zwei Schlüsselkunden verloren. Einen müssen wir im nächsten Jahr unbedingt zurückgewinnen.« Objektivität? Jeder hat seine individuelle Sichtweise. Wieder erkennen Sie, wie fundamental wichtig individuelles Urteilsvermögen ist. Der Mess- und Quantifizierungsdrang ist der sicherste Weg in die Sackgasse.

Um noch einen draufzusetzen, werfen wir einen Blick in die Leichtathletik. Kaum etwas erscheint so objektiv und einfach zu messen wie ein 100-Meter-Lauf. Wir haben zwei Sprinter (gedankliche Analogie: Mitarbeiter) zu beurteilen, die zwei verschiedene Läufe (zwei Projekte oder Quartale) absolvieren. Im ersten Lauf startet der Sprinter in der Höhenluft von Mexiko und profitiert des Weiteren von 0,8 Meter/Sekunde Rückenwind. Das Ergebnis: 9,84 Sekunden. Eine tolle Leistung. Der zweite Sprinter startet zur gleichen Zeit in Deutschland. Die Laufbahn ist noch nass vom Regenschauer, der kurz vor dem Start niedergeprasselt ist. Zudem bläst ein kräftiger Gegenwind von 1,3 Metern/Sekunde dem Sportler ins Gesicht. Damit nicht genug: unser Mann wird wegen eines sehr zweifelhaften, angeblichen Fehlstarts verwarnt. Doch er hält der zusätzlichen Belastung stand: guter Start, schneller Antritt … und nach fantastischen 9,98 Sekunden überquert er als Sieger die Ziellinie. Welche Leistung ist nun besser? Welche ist höher zu bewerten? Schwer zu sagen, werden Sie vielleicht denken. Sie haben Recht! Es *ist* schwer zu beurteilen. Beide Resultate sind herausragend, vergleichbar; und unter Abwägung aller Umstände werden einige zu dem Urteil kommen, dass die Leistung im zweiten Lauf *noch* höher einzustufen ist. Ihre individuelle Urteilskraft führt sie zu dieser Einschätzung. Sie ist notwendigerweise unscharf, nicht eindeutig und diskutabel. Sie beschreibt eine Richtung. Und, dies ist wichtig, sie ist mit guten Argumenten unterfüttert.

> Auf die individuelle Urteilskraft kommt es an. Die hiermit verbundenen Abwägungen und Bewertungen sind notwendigerweise unscharf, nicht eindeutig und diskutabel.

Nicht so die Werkzeugkasten-Technokraten in unseren Unternehmen. Für sie ist der Fall eindeutig. Die Leistung des zweiten Läufers war um 0,14 Sekunden oder 1,423 Prozent schlechter. (Manche Obertechnokraten weisen noch darauf hin, dass diese Prozentzahl aufgerundet ist. Man weiß ja nie.) Exakt gemessen, Stempel drauf und abgeheftet in der nutzlosen Werkzeugkasten-Bürokratie. Der Nächste bitte!

> Wer Leistung beurteilen will, ist immer auf Deutungen und Abwägungen angewiesen. Immer.

Ich gehe noch einen deutlichen Schritt weiter: Beurteilungen sagen in drei von vier Fällen mehr über den Beurteiler aus als über den zu Beurteilenden.

b. Wie ein guter Ansatz ad absurdum geführt wurde

Wer sich im Werkzeugkastenfach der Beurteilungsinstrumente umschaut, stößt schnell auf Zielsysteme und -vereinbarungen. Sie sind besonders interessant, weil sie illustrieren, dass sogar gute Führungs-Ansätze im Laufe der Zeit durch den Instrumentalisierungsdrang in der Praxis ad absurdum geführt werden können. Genau das ist hier passiert. Zielvereinbarungen gehen zurück auf Peter Drucker, der bereits Mitte der neunzehnhundertfünfziger Jahre das »Führen mit Zielen« (*Management by Objectives, MbO*) eingeführt hatte. Heute arbeitet nahezu jedes Unternehmen damit. Allerdings werden die zahlreichen hiermit verbundenen Hoffnungen herb enttäuscht. Die Gründe hierfür sind vielfältig. [11)] Nach meiner Erfahrung sind selbst gezüchtete Komplexität, falsch verstandene Wirkungszusammenhänge und Fehler in der praktischen Umsetzung die wichtigsten:

- *Komplexität:* Ziele sollen Orientierung geben. Die meisten Unternehmen haben sich jedoch über die Jahre Zielsysteme in einer Komplexität gegeben, die nicht mehr beherrschbar ist. Wenn eine Führungskraft anhand von zehn (häufig sogar mehr) sogenannten »strategischen« Zielen beurteilt werden soll (Sie wissen schon: die Messfanatiker haben das angerichtet), ist das Chaos vorprogrammiert: Aktionismus ersetzt klare Prioritäten; innere Stabilität, Augenmaß und Konzentration bleiben auf der Strecke. Ich appeliere eindringlich an Sie: Vereinbaren Sie mit Ihren Leuten die zwei bis drei Themen, die wirklich wichtig sind. Es ist schwer genug, *konzentriert* zu arbeiten; Zielvereinbarungen müssen dies unterstützen, nicht zusätzlich behindern.

- *Wirkungszusammenhänge:* Noch immer glauben viele Führungskräfte, dass Ziele eine *verpflichtende* Wirkung hätten. Haben Sie nicht. Niemals. Im Gegenteil: Je enger das Zielkorsett geschnürt wird, desto mehr gehen verpflichtende Wirkungen verloren. Wie dann besser? Nun gut, ein kleiner Vorgeschmack auf den zweiten Teil des Buches, in dem ich meinen Gegenentwurf der Individuellen Führung entfalte: Verpflichtung entsteht aus *Vertrauen* und *Freiheit*. Deshalb werde ich aufzeigen, wie

Sie Vertrauen schaffen und Freiheitselemente in Ihren Führungsalltag einbauen können.

- *Praxisfehler:* Schließlich wird durch die praktische Anwendung des Führens mit Zielen zusätzlich Porzellan zerschlagen. Dabei brauchen wir uns nur den Begriff Zielvereinbarungsprozess genau anzusehen. Die *Vereinbarung* legt nahe, dass sich zwei erwachsene Menschen auf Augenhöhe austauschen. Und der Prozess deutet an, dass sich über einen bestimmten – durchaus kurzen – Zeitraum Vorschläge und Gegenvorschläge zu einem Ergebnis verdichten, das von beiden Gesprächspartnern akzeptiert wird. Soweit der Anspruch. Die bittere Realität zeigt jedoch einen Zielverordnungsakt, wobei jede Hierarchiestufe als Druckventil dient.

Im Ergebnis werden in der heutigen Unternehmensrealität die allermeisten Zielsysteme zwar auf viel Papier gedruckt, aber nicht wirksam angewendet. Von fehlenden Konsequenzen bei Zielverfehlungen ganz zu schweigen. Die darin investierte Zeit sollte lieber den Kunden gewidmet werden.

c. 360-Grad-Feedback – Totalüberwachung ohne Konsequenzen

Werfen wir nun einen Blick in eines der Geheimfächer des standardisierenden Werkzeugkastens: Als besonders fortschrittlich und modern glorifiziert, haben die sogenannten 360-Grad-Beurteilungen Einzug in unsere Unternehmen gefunden. Danach wird nicht nur durch die Vorgesetzten, sondern auch durch hierarchisch gleichgestellte Kollegen sowie durch die eigenen Mitarbeiter beurteilt. Rundum eben. Mehr Richtungen erzeugen mehr Objektivität – auf diesen Nenner lässt sich die hiermit verbundene Hoffnung bringen. Die Hoffnung wird enttäuscht. Sie mag sozialromantisch motiviert sein, hat jedoch mit praktischer Vernunft und der betrieblichen Wirklichkeit nichts zu tun. Warum?

Zunächst ein Blick auf die Beurteilung unter Kollegen. Es ist in meinen Augen weltfremd anzunehmen, dass sich Kollegen wohlwollend beurteilen, denn schließlich konkurrieren sie ja um das knappe Gut Karriereaufstieg. Wenn ich einen Kollegen gut bewerte, bringe ich mich genau damit möglicherweise um meine eigenen Aufstiegschancen. Und das nach einem erfolgreichen Jahr harter Arbeit. Niemand mit einem Mindestmaß an Realitätssinn wird ein solches Instrument anwenden.

Noch interessanter ist die Beurteilung durch die eigenen Mitarbeiter; sie wird – wie auch die Beurteilung unter Kollegen – anonym durchgeführt. Denn ansonsten würde es, so die gängige Rechtfertigung, das notwendige Maß an Offenheit nicht geben. Das ist das Problem: Beurteilungsinstrumente wie das 360-Grad-Feedback setzen eine Offenheit voraus, die durch sie erst geschaffen werden soll. »Aber das können wir ja niemandem zumuten!« Dem Mitarbeiter nicht, der bei namentlicher Kritik um genau einen Kopf kürzer gemacht würde, und dem Chef auch nicht, denn der würde ja bloßgestellt. Um es kompromiss- und schnörkellos zu formulieren: Wer bei Beurteilungen – in welchem instrumentellen Gewand sie auch immer daherkommen mögen – auf Anonymität angewiesen ist, der hat als Führungskraft versagt. Wenn Sie schon dieses Instrument einsetzen und es trotz meiner Argumentation nicht abschaffen wollen, dann habe ich folgende Empfehlung:

> Stellen Sie die Ergebnisse Ihres 360-Grad-Feedbacks ins Intranet!

»Das geht doch nicht!« Warum? Haben Sie kein Intranet? Ermutigen Sie dann die anderen, das Gleiche zu tun. Bedenken Sie dabei: Anonyme Beurteilungen sind die Bankrotterklärung für die individuelle Führungsleistung. Hier sehen wir mit besonderer Deutlichkeit, wie die Individualität mit

Füßen getreten wird. Nicht das Individuum mit seiner ganz persönlichen Meinung zählt, sondern die anonymisierte graue Masse. Die versteckten Botschaften sind unmissverständlich: »Wir trauen dir nicht zu, dass du zu deinem Wort stehst! Wir erkennen in dir nicht den mündigen, erwachsenen Wahlbürger an! Du bist auch eigentlich kein Individuum, kein Einzelner, kein Mündiger – nein, du bist Masse, eben anonym.«[12] So werden aus wertvollen Einzelhinweisen, die einer Führungskraft für die Reflexion der eigenen Arbeit wirklich helfen könnten, nichts sagende Aggregationen. Bloß nicht zu konkret. Das könnte ja wehtun. Durchschnittswert 2,8. Alles klar? »Sie liegen als Führungskraft im oberen Normbereich.« Bedenken Sie: Wenn Sie einmal vorne und einmal hinten am Hasen vorbeischießen, ist er im Durchschnitt tot.

Wer seine Leute mit solchen Mitteln gleichschaltet, darf sich nicht wundern, dass herausragende Einzelleistungen und besonders innovative Vorschläge nur noch bei Wettbewerbern vorkommen. Damit sind wir jedoch bei der Normierungsolympiade immer noch nicht in den Medaillenrängen angekommen. Die belegen diejenigen Unternehmen, die sich für die jährlichen Beurteilungsrunden etwas ganz Besonderes haben einfallen lassen: Verteilungsvorgaben. Etwa: 10 Prozent der Leute sind herausragend, 40 Prozent machen einen ordentlichen Job, die nächsten 35 Prozent sind wahrscheinlich auch zukünftig noch zu gebrauchen und die letzten 15 Prozent müssen dran glauben. Vor allem bei beratenden Dienstleistern ein gängiges Schema, in welcher konkreten Ausgestaltung auch immer. Mit mechanischer Sicherheit sind die anschließenden Mitarbeitergespräche geprägt durch: »Eigentlich bist du ja besser, aber durch die Verteilungsvorgaben bist du in den durchschnittlichen Bereich gerutscht.« Hier ist Individualität eindeutig und unwiderruflich abgewählt worden. Eine eigene Erfahrung als Abschluss: Ich konnte zwei hervorragende Mitarbeiter nicht befördern – und zwar genau deshalb nicht, weil die Verteilungsvorgaben es verhinderten. Die anschließende Beurteilung meiner Führungsleistung durch diese Mitarbeiter im Rahmen des 360-Grad-Feedbacks war – in gewisser Weise nachvollziehbar – geprägt von dem negativen Erlebnis der Nicht-Beförderung. Mein Durchschnittswert sank; immer noch sehr hoch, allerdings nun leicht unter dem Vorjahresniveau. Aufregung und viele Fragen. Objektivität?

d. Vom Fall einer Top-Führungskraft

Ich möchte Ihnen zur Abrundung dieses Kapitels noch einen realen Fall aus meiner Zeit bei einem der führenden internationalen Beratungshäuser schildern. Er steht stellvertretend für viele ähnliche, absurde Stilblüten, die der standardisierende Führungs-Werkzeugkasten hervorbringt.

Nennen wir das Unternehmen Quantifix. Es ist in diesem Zusammenhang nicht wichtig, ob es sich um eine Werbeagentur, Wirtschaftsprüfungsgesellschaft, Management-Beratung oder ein anderes Dienstleistungsunternehmen handelt. Das globale Management von Quantifix in Chicago hat erkannt, dass eine nachhaltige Kundenzufriedenheit zu den wichtigsten Erfolgsfaktoren im Beratungsgeschäft zählt. (Diese bahnbrechende Erkenntnis ist selbstverständlich für jeden Berater, der vor Ort in seinem jeweiligen Markt tagtäglich in die Kundenarbeit involviert ist. Dennoch sah sich das globale Management genötigt, diesen Sachverhalt in langen E-Mails zu erläutern.) Damit nicht genug: Zu den fünfzehn Kennzahlen, mit denen jeder Berater »geführt« wird, sollte sich ab sofort ein Kundenzufriedenheitsindex gesellen. Mithilfe eines sechsseitigen Fragebogens werden Kunden nach ihrer Zufriedenheit mit dem abgelaufenen Projekt gefragt. Die Antworten ergeben einen mathematischen Durchschnittswert auf einer Skala von eins bis fünf, wobei fünf der beste Wert ist, der maximale Kundenzufriedenheit widerspiegelt. Jeder Projektverantwortliche des beratenden Dienstleisters weiß nun endlich, wie zufrieden seine Kunden sind. (Natürlich weiß er das durch wöchentliche persönliche Begegnungen mit seinen Kunden viel besser, aber das global übergestülpte Messvorhaben muss ja bedient werden. Also hält er seinem Kunden den Mammut-Fragebogen entschuldigend unter die Nase und bittet ihn, das Werk auszufüllen. Als Ausgleich für die unnötige Mühe lädt er ihn zum Abendessen ein.) Am Ende des Geschäftsjahres lehnt sich die Geschäftsleitung von Quantifix entspannt zurück. Es ist eine Excel-Tabelle entstanden, mit der nicht nur eine ganze Wand tapeziert werden könnte, sondern in der weltweit alle Berater mit den Zufriedenheitswerten ihrer Kunden aufgelistet sind. Das Schaulaufen bringt endlich die gewünschte exakte Quantifizierung: 4,5 – 3,8 – 4,2. Das Werk ist vollbracht. Obwohl es mich reizt, das Vorhaben mit einem ganzen Dutzend erfahrungsgestützter Argumente zu dekonstruieren und bloßzustellen, konzentriere ich mich im Folgenden auf drei Aspekte: Erstens werden Scheingenauigkeiten über nicht vergleichbare Phänomene produziert, zweitens ist das Ergebnis nahezu beliebig beeinflussbar und drittens löst das Messvorhaben eine ganze Welle von Rechtfertigungsritualen und weitere Messungen aus.

Zunächst also zur Nicht-Vergleichbarkeit. Was schon bei der Konzeption dieses fragwürdigen Messvorhabens übersehen wird, sind die kulturellen Unterschiede zwischen einzelnen Ländern. Ein Ergebniswert von 4,3 ist eben nicht gleich 4,3 an anderer Stelle. Namentlich deutsche Führungskräfte sind äußerst zurückhaltend, wenn es um die Vergabe von Bestnoten geht. Jede Suppe hat irgendwelche Haare. Und wer intensiv sucht, findet sie natürlich auch. Beispielsweise angelsächsische Kunden sind deutlich großzügiger. Ähnliche Unterschiede ergeben sich bei anderen Ländervergleichen. Schon dadurch verliert das Vorhaben jegliche länderübergreifende Aussagekraft. Des Weiteren sind die zugrunde liegenden Projektaufgaben so unterschiedlich wie die Menschen, die sie erbringen und bewerten. Ein Beispiel aus der Management-Beratung: hier das Kostensenkungsprojekt, mit dem die Grundlage für einen Personalabbau um 25 Prozent gelegt wird, dort die Konzeption eines Führungskräfte-Trainingsprogramms. Wer wollte das ernsthaft in einen Bewertungstopf werfen? Es gibt nun einmal schwierige Projektaufgaben und eher »dankbare«, genauso wie es schwierige Kunden gibt und solche, die leicht im Umgang sind.

> Messvorhaben setzen eine Homogenität bei den zu messenden Objekten voraus, die es in der betrieblichen Realität gar nicht geben kann.

Damit nicht genug: Der Messdrang bei Quantifix hat eine sehr wichtige, zusätzliche Folgewirkung. Die Mitarbeiter haben schnell durchschaut, wie gefährlich es werden kann, die wirklich schwierigen Projektaufgaben zu verantworten. Diejenigen, die in heikler Mission unterwegs sind, werden dafür noch bestraft und werden das nicht ein zweites Mal machen. Also: lieber in ruhigem Projektwasser schwimmen und nicht auffallen. Auf in die Mittelmäßigkeit! Und das Management von Quantifix wundert sich, dass ungewöhnliche Ergebnisse und individuelle Spitzenleistungen immer seltener werden. Wieder sehen wir den unausweichlichen Zusammenhang:

> Messvorhaben verhindern gerade das, was sie angeblich fördern wollen: individuelle Spitzenleistungen, das Besondere, Innovation. Aus der Vielfalt individueller Stärken wird die normalverteilte graue Masse.

Zweitens sollten wir nicht die Augen davor verschließen, dass solche und andere Messvorhaben in nahezu beliebigem Ausmaß beeinflussbar und damit manipulierbar sind. Wen werde ich als Projektverantwortlicher wohl mit dem Ausfüllen des Fragebogens beauftragen – diejenigen, die dem Projekt kritisch gegenüberstehen, oder meine ausgewiesenen

Freunde? Man muss schon sehr weit weg vom tatsächlichen Geschäft sein, um dies nicht zu erkennen. Es ist prinzipiell wie bei der Bundeswehr: Bei jedem Besuch eines Generals blitzt und blinkt die gesamte Kaserne. Der Besuch ist seit sechs Wochen terminiert und bekannt. Schöne heile Welt.

Drittens löst unser Beispiel-Messvorhaben schließlich einen ganzen Rattenschwanz weiterer Messungen aus. Denn schon im zweiten Jahr nach der Einführung kommt das globale Management von Quantifix nach einer fünfstündigen Klausur auf die geniale Idee, neben den absoluten Werten nun auch die Abweichungen zu messen. Schließlich müsse ja festgehalten werden, wie und wohin sich die eigenen Leute entwickeln. Einer der besten deutschen Projektleiter, nennen wir ihn Mertesacker, sieht sich plötzlich mit einem ungeahnten Problem konfrontiert. Nachdem er im ersten Jahr der Messung eine 4,8 erreicht hatte – ein für deutsche Verhältnisse geradezu phänomenaler Wert – liegt er im Folgejahr bei 4,4. Wieder ein toller Wert, der zum Ausdruck bringt, wie zufrieden die Kunden mit Mertesackers Arbeit sind. Das sehen die Werkzeugkasten-Technokraten in der Quantifix-Zentrale allerdings ganz anders. Eine wahre E-Mail-Flut aus der Zentrale erreicht Mertesacker: Der Rückgang um 0,4 Punkte – besser gesagt um 8,33 Prozent – sei völlig inakzeptabel. Schließlich habe die globale Zielvorgabe für jeden einzelnen Projektverantwortlichen eine Steigerung um 5,0 Prozent vorgesehen. Mit einer Abweichung von demnach 13,33 Prozent gehöre Mertesacker zu den 20,0 Prozent der schlechtesten Mitarbeiter. Er stehe von jetzt an unter besonderer Beobachtung. Für diesen 20-Prozent-Bodensatz an Mitarbeitern wird die Kundenzufriedenheitsanalyse ab sofort quartalsweise durchgeführt. Übrigens: Die Absender dieser E-Mails haben Mertesacker noch nie persönlich gesprochen oder gesehen.

Mertesacker überlegt sich, ob er in ein Rechtfertigungsritual einsteigen soll, so wie die meisten seiner Kollegen, denen Ähnliches widerfahren ist. Er entscheidet sich dagegen. Stattdessen kündigt Mertesacker und wechselt zu einem Wettbewerber, bei dem der standardisierende Werkzeugkasten weitgehend abgewählt wurde und bei dem individuelle Handlungs- und Gestaltungsmöglichkeiten tatsächlich existieren. Seine Kunden und das entsprechende Geschäft nimmt er natürlich mit. Schließlich wollen die Kunden weiter mit Mertesacker zusammenarbeiten.

Sie halten die Darstellung für übertrieben? Es ist ein reales Beispiel; und es ist beileibe kein Einzelfall. Es veranschaulicht stellvertretend für unendlich viele vergleichbare Vorhaben die Stilblüten im Messzirkus.

e. Fazit: Leistung ist immer unscharf und diskutabel

Wir benötigen auch für diejenigen Führungsfragen und -situationen, bei denen es um Leistungsbeurteilungen geht, einen Paradigmenwechsel: weg vom Scheingenauigkeiten produzierenden Messzirkus, hin zu individuellem Urteilsvermögen.

Vermeiden Sie deswegen komplexe, lange Formulare und Fragebögen, komplizierte Einstufungsskalen und mechanistische Bewertungsraster. Sie verhindern gerade das, worauf es ankommt: das Gespräch mit dem Charakter einer *Begegnung*.

Wer Leistung beurteilt, braucht hierfür immer Deutungen und Abwägungen. Diese sind notwendigerweise unscharf, nicht eindeutig und diskutabel. Aber sie sind mit durchdachten, sachlichen Argumenten unterfüttert. Das macht sie so wertvoll.

11 Für eine ausführlichere Analyse vgl. Schumacher, *Wenn Du viel erreichen willst, tue wenig – Einfache Führung durch Klarheit, Freiheit und Konsequenz*, S. 195–206.

12 Reinhard K. Sprenger, *Aufstand des Individuums*, S. 66.

4
Organisationsinstrumente –
oder: Was im Schrank verstaubt

Das vierte Fach des Führungs-Werkzeugkastens beschrifte ich mit *Organisationsinstrumente*. Mit ihm allein ließe sich ein ganzes Buch füllen. Daher konzentriere ich mich auch hier auf die wichtigsten Instrumente und die in diesem Kontext besonders relevanten Beobachtungen bzw. Erfahrungswerte.

a. Leitbilder – lauwarmes Gefasel mit Wohlfühl-Faktor

Eine Klarstellung vorab: Ich habe grundsätzlich überhaupt nichts dagegen, wenn sich Organisationen Leitbilder geben, eine Art Selbstverständnis erarbeiten oder Unternehmensgrundsätze und -leitlinien formulieren. Im Gegenteil – richtig gemacht, kann damit ein übergeordneter Bezugsrahmen geschaffen werden, der erstens Orientierung gibt und zweitens verdeutlicht, wofür die Organisation steht und worin und warum sie einzigartig ist. Ich habe jedoch ganz entschieden etwas gegen die *gängige Praxis* in diesem Bereich. Und das aus zwei Gründen.

Erstens ist das allgemeine Gefasel in Bezug auf Leitbilder derart lau, dass neun von zehn dieser Werke nicht zu gebrauchen sind. Falls Sie sich auch gerade in einer solchen Übung befinden (oder meinen, dass das Leitbild Ihrer Organisation dringend renovierungsbedürftig ist), hier der entscheidende Lackmus-Test: Sie können Relevanz und Aussagekraft jedes einzelnen Satzes ganz leicht dadurch überprüfen,

Leinen los. Torsten Schumacher
Copyright © 2009 WILEY-VCH Verlag GmbH & Co. KGaA, Weinheim
ISBN: 978-3-527-50475-6

dass sie ihn ins Gegenteil verkehren. Nur wenn dieses Gegenteil irgendeinen Sinn ergibt, haben Sie eine Aussage mit Relevanz formuliert. Ist das Gegenteil Ihres Leitbild-Satzes jedoch gehaltlos, bleibt Ihre Formulierung ohne Relevanz, Aussagekraft und Sinn. Beispiele? Gerne! Sehen wir uns im Folgenden einige der glorreichen Inhalte an, die in fast keinem Leitbild fehlen:

- *»Unsere Mitarbeiter sind unsere wichtigste Ressource.«* Mal abgesehen von der Wortwahl (Ressourcen werden verbraucht …) würde das Gegenteil etwa lauten: *»Unsere Mitarbeiter sind der unwichtigste Teil in unserem Unternehmen.«* Völliger Schwachsinn, den niemand von sich geben würde. Wir sehen: Die Aussage ist gehaltlos, sinnlos, nicht diskutabel und wertlos. Sie stellt Selbstverständlichkeiten dar. Niemand, der so etwas von sich gibt, kann erwarten, damit irgendeinen Unterschied zu machen.
- *»Wir kümmern uns um jeden Kunden mit voller Aufmerksamkeit.«* Ebenfalls ein Klassiker, der nirgendwo fehlt. Also: *»Wir widmen unseren besten Kunden die volle Aufmerksamkeit. Den Rest fertigen wir irgendwie ab.«* Wieder erkennen wir durch die Umkehrung der ursprünglichen Aussage ins Gegenteil, wie schwachsinnig und blutleer auch dieser Allgemeinplatz ist. Wiedererkennungswert: null Komma null. Wer will sich so bitte von der Konkurrenz abheben?
- Einen noch: *»Wir arbeiten übergreifend zusammen und unterstützen uns gegenseitig bei unseren Aufgaben.«* (Moment bitte, ich muss den Würgereiz unterdrücken … So jetzt geht's wieder.) Lackmus-Test: *»Wir arbeiten in Silos. Den anderen legen wir Steine in den Weg.«* Herzlichen Glückwunsch.

Das sollte reichen. Wir könnten zehn Leitbilder unterschiedlichster Organisationen nebeneinanderlegen und Satz für Satz durchgehen: Das Resultat wäre in über 90 Prozent das gleiche.

> Wenn sich gute und richtige Führung aus solchen Leit-
> bildern ableitet, hängt die Geburtenrate in Schleswig-
> Holstein vom Storchenaufkommen ab.

Zweitens werden in Leitbildern und ähnlichen Werken genau die Dinge behauptet, die im praktischen, tatsächlichen
Führungs*handeln* zugeschüttet und teilweise regelrecht mit
Füßen getreten werden. Hier wiederum eine Auswahl weit-
verbreiteter Klassiker:

- *» Wir fördern das Unternehmertum unserer Mitarbeiter.«*
  Gleichzeitig werden immer neue Regelwerke eingeführt
  und der gleichschaltende Führungs-Werkzeugkasten wird
  so lange weiter gefüllt, bis auch die letzten Handlungs-
  und Gestaltungsmöglichkeiten eingeschränkt sind. Im
  Übrigen verkennt die durch Wunschdenken gekenn-
  zeichnete Aussage, die alle voneinander abschreiben, eine
  »Kleinigkeit«: *Nirgendwo* sind Mitarbeiter Unternehmer,
  sonst wären sie ja nicht abhängig Beschäftigte, sondern
  würden etwas *unternehmen.*
- *» Wir setzen auf die Selbstverantwortung unserer Leute.«*
  Gleichzeitig müssen genau diese Leute bei Ausgaben
  über 200 Euro ihren Vor-Gesetzten um Freigabe bitten.
- Besonders beliebt: *» Bei uns ist Teamarbeit einer der wichtigsten Erfolgsfaktoren.«* Abgesehen von der Unterscheidung zwischen Teams und Zusammenarbeit, die ich
  später erläutern werde, können wir hier mit an Sicherheit grenzender Wahrscheinlichkeit davon ausgehen,
  dass Zusammenarbeit und Kooperation in dieser Organisation gerade *nicht* stattfinden. Ich gehe noch einen
  Schritt weiter: Je häufiger über Teams und Zusammenarbeit geredet wird, desto weniger finden sie tatsächlich
  statt.

Solche Leitbilder können nur eins fördern: Zynismus.

Meine pointierte These lautet:

> Leitbilder sind deswegen so beliebt, weil sie in der Regel ohne Konsequenzen bleiben.

Wer dagegen den eingangs formulierten Anspruch erfüllen möchte, seine Einzigartigkeit im Wettbewerb herauszukristallisieren, der sollte sich ernsthaft mit knackigeren Fragen beschäftigen. Zu ihnen gehören:

- Bei welchem Werttreiber unseres Geschäftes unterscheiden wir uns am stärksten vom Durchschnitt der Wettbewerber?
- Warum kaufen unsere Kunden bei uns?
- Was sind die fundamentalen Paradigmen, die keiner bei uns infrage stellt?

Wer diese und eine Reihe weiterer Fragen beantwortet, hat die Chance, ein Leitbild daraus zu entwickeln, das wirklich einen Unterschied macht. Aber seien Sie gewarnt: Das ist deutlich anspruchsvoller und anstrengender als das Allgemein-Geschwafel mit Wohlfühlfaktor abzusondern.

b. Stellen- und Funktionsbeschreibungen – ihr Papier nicht wert

Mit dem Organisationsinstrument der *Stellenbeschreibungen* soll dargestellt werden, welche Aufgaben eine Stelle beinhaltet. Dabei ist schon der Begriff der Stelle vielsagend: starr, inflexibel, formalistisch, langweilig, undynamisch, inkompatibel mit Veränderungen. Wer auf der *Stelle* tritt, kommt nicht voran. Die Orientierung an Stellenbeschreibungen, die einen Verbreitungsgrad nahe einhundert Prozent zeigen, zieht mindestens zwei negative Folgewirkungen nach sich.

Erstens lenkt sie den Blick auf die Frage, wer *formal* zuständig ist – und nicht: wer es am besten kann. Das entsprechende gedankliche Konstrukt sind die »Stelleninhaber«, die auf ihren formalen Zuständigkeitsinseln hocken wie die Henne auf dem Ei. Der Vorstand einer großen Versicherungsgesellschaft zum bevorstehenden Arbeitsplatzabbau: »Uns ist bewusst, dass damit viele Menschen, die auf ihren Stellen sitzen, betroffen sind.« Sehr schön.

Zweitens wird nur noch *einseitig* geschaut, wer am besten zu der in Beton gegossenen Stelle passt. Die Stelle war eben schon da samt ausführlicher Beschreibung. Also hat der Mitarbeiter oder Bewerber, der dummerweise erst später kommt, sich danach auszurichten. Er wird passend gemacht. Es wird somit zu einem seltenen Glücksfall, wenn zufällig die individuellen Stärken des jeweiligen Mitarbeiters mehr oder weniger umfänglich innerhalb der einbetonierten Stellen-Grenzen zur Geltung kommen können. Schrittweise verkümmern so die Talente in jedem Winkel der organisatorischen Stellenwüste. Im zweiten Teil des Buches werde ich im Kapitel über individuellen Einsatz meinen Gegenvorschlag entwickeln: Die vorhandenen (und zukünftigen!) Aufgaben für die nächste, überschaubare Zeitperiode und die vorhandenen individuellen Stärken müssen in zwei Richtungen abgeglichen und weitestgehend zur Deckung gebracht werden. Das Instrument der Stellenbeschreibung gehört in den Papierkorb. Es ist das Papier nicht wert.

Funktionsbeschreibungen sind ganz ähnlich gelagert. Der gleiche Formalismus, die gleiche einseitige Orientierung am Status quo des Unternehmens. Ich erwähne sie dennoch, weil die innere Verfassung einer Organisation immer auch durch die vorherrschende Sprache deutlich wird. Hier: Mitarbeiter haben zu *funktionieren* und das wird *beschrieben*. Kein weiterer Kommentar.

c. Organisationshandbücher – kilogrammschwere Irrelevanz

Als drittes Instrument nenne ich die allseits beliebten *Organisationshandbücher.* Jeder hat sie. Der Anspruch besteht hier darin, zu beschreiben, wie die geschäftsbestimmenden Abläufe in einer Organisation aussehen. Dies wird dann minutiös auf mehreren Hundert Seiten in Schriftgrad neun festgehalten, durch unleserliche Grafiken unterstützt und fein säuberlich abgeheftet. Deckel drauf – und ab in den Schrank.

> Organisationshandbücher haben genau einen Bestimmungsort: den Aktenschrank. Und zwar den verschlossenen.

Wie ein Unternehmen oder ein Verantwortungsbereich *tatsächlich* funktioniert, mit seinen Macht- und Einflussstrukturen, mit seinen Partikularinteressen und den informellen Regeln – all das steht in keinem dieser Werke. Hierauf kommt es aber an.

Organisationshandbücher und auch die darin enthaltenen Organigramme dagegen sind unwichtig. Warum? Weil sie erstens die Außenwelt, insbesondere Kunden und Konkurrenten, komplett ignorieren. Weil Projekte und andere zeitlich befristete Organisationsformen, die in den meisten Unternehmen zunehmend wichtig werden, fehlen. Weil Sitzungsorganisation, -zusammensetzung und -rhythmus fehlen. Vor allem aber: weil die wesentlichen Synergien, aber auch Konflikte und Reibungen eben nicht innerhalb der Kästchen stattfinden, sondern *zwischen* ihnen. Die technokratisch-formalistische Unternehmensanalyse lenkt den Blick auf Organigramme und Stellenpläne. Erfahrene Praktiker spüren dagegen die ungeschriebenen Regeln auf, denn sie sind der Schmierstoff der Organisation. Sie geben Aufschluss über Machtverhältnisse und Partikularinteressen (von denen es häufig zu viele gibt). Mithilfe der ungeschriebenen Regeln lassen sich schließlich Konflikte identifizieren und lösen. Bedenken Sie deshalb:

> Wer seine Legitimation aus kilogrammschweren Organisationshandbüchern zieht, sollte sich als Führungskraft ernsthaft infrage stellen.

d. Arbeitszeitkontrollsysteme – jeden Morgen grüßt das Misstrauen

Nun zu einem ganz »heißen Eisen«: *Arbeitszeitkontrollsysteme* sind das vierte Organisationsinstrument. Auch wenn ihr Verbreitungsgrad in den vergangenen Jahren etwas abgenommen hat, treiben sie immer noch in unzähligen Organisationen ihr Unwesen. Was für ein frustrierender Arbeitsbeginn: Der Mitarbeiter steckt seinen Ausweis in die Stechuhr und ein virtuelles »Guten Morgen, ich misstraue dir« schallt ihm entgegen. Und nachmittags das gleiche Ritual: »Tschüss, lieber Mitarbeiter, ich misstraue dir leider immer noch.« Wer ernsthaft glaubt, dieses Reglementierungsmonstrum würde irgendeine positive Wirkung entfalten, der ist auf dem Holzweg. Arbeitszeitkontrollsysteme sind aber auch nicht einfach nur da; sie sind alles andere als neutral. Die zutiefst schädlichen Folgewirkungen sind immens. Zu den wichtigsten gehören folgende:

- Wenn die Eingangskorridore von Zeiterfassungsmaschinen gepflastert sind, durchschauen die Mitarbeiter das dahinterliegende Paradigma des Misstrauens natürlich sofort. Nur wenige äußern sich dazu; allen jedoch ist klar: Hier werden wir in ein Überwachungskorsett gepresst. Wer ausbricht und dreimal zu spät die heiligen Hallen betritt, der bekommt Probleme. Ein häufiger

Einwand an dieser Stelle: »Wir haben deshalb eine gleitzeitorientierte Zeiterfassung eingeführt.« Das ist, mit Verlaub, Kosmetik an den Symptomen. Eine winzige Dosis mehr Wahlmöglichkeit, aber die Wurzel des Übels – Misstrauen – bleibt unangetastet. Vor einiger Zeit bekam ich einen sehr ermutigenden Brief vom Inhaber eines mittelständischen Produktionsbetriebes. Er hatte sich bei einem meiner Vorträge vehement gegen meinen Vorschlag gestellt, sein Zeiterfassungssystem abzuschaffen. »Bei uns hat sich noch niemand beschwert!« »Haben Sie Ihre Leute denn schon einmal gefragt?« »Nein.« »Dann machen Sie das doch einmal.« Tatsächlich befragte er seine Leute schon kurze Zeit später – nicht mit anonymen Fragebögen, sondern direkt in persönlichen Gesprächen. Die Reaktionen waren derart überraschend und überwältigend, dass die Stechuhren noch am gleichen Tag abmontiert wurden. Typische Antworten waren: »Was soll diese überflüssige Kontrolle? Wir hängen uns hier voll rein und arbeiten eh mehr, als vorgeschrieben ist.« »Warum misstrauen Sie mir? Ich gebe immer mein Bestes!« »Die Stechuhr abzuschaffen, wäre ein gutes Signal. Wir brauchen das nicht. Wir sind doch keine kleinen Kinder mehr, die was auf die Finger bekommen, wenn sie nicht artig sind.« Dies waren die eher moderaten Reaktionen.

- Des Weiteren führen Zeiterfassungsinstrumente zu einer grundlegenden Fehlorientierung: weg von der outputorientierten Betrachtung von Ergebnissen und hin zu dem inputbezogenen zeitlichen Absitzen. Es kommt aber nicht darauf an, wer wie viele Stunden arbeitet und wer abends als Letzter das Licht ausmacht, sondern wer welchen individuellen Beitrag leistet. Die Orientierung an Ergebnissen bzw. individuellen Beiträgen gehört zu den fundamentalen Prinzipien guter und richtiger Führung. Sie ist in den meisten Organisationen und Arbeitsbereichen ohnehin unterausgeprägt. Zeiterfassungssysteme untergraben zusätzlich jegliches Bemühen um Ergebnisorientierung. Wer tagtäglich Stechuhren bedienen muss, der wird mit mechanischer Sicherheit zunehmend seine Aufmerksamkeit hierauf lenken: Wann ist das zeitliche Tageskontingent abgesessen? Wann ist der nächste freie Tag angespart? Es ist faszinierend, wie viel Energie, Kreativität – manchmal sogar Leidenschaft – die gleichen Leute entfalten, sobald sie ausgestempelt und das Unternehmensgelände verlassen haben.

Ich sehe natürlich, wie es jetzt in Ihnen brodelt. Das soll funktionieren? »Meine Leute wollen das aber – und der Betriebsrat sowieso.« In der Tat halten Kritiker mir immer wieder vor, eine Abschaffung der Zeiterfassung würde zu inakzeptabel hohem Missbrauch führen. Meine erfahrungsgestützte Gegenthese ist vierteilig: *Erstens:* Ja – es wird immer den einen oder anderen geben, der dann noch weniger als vorher arbeitet. *Zweitens:* Die Wurzel des Problems besteht dann nicht darin, dass die Abschaffung des Reglementierungsmonstrums Zeiterfassung punktuell ausgenutzt wird, sondern darin, dass in diesen Fällen offensichtlich die falschen Leute an Bord sind. Übrigens meistens, weil sich die Auswahlpraxis in einem katastrophalen Zustand befindet. Ich werde hierauf zurückkommen. *Drittens* sind dies in der Tat eher Ausnahmen. Im Gegenteil: Der Missbrauch *mit* Zeiterfassung ist in aller Regel um ein Vielfaches höher. Die Anekdotenliste ist lang. Nur ein Beispiel, natürlich ohne Namen zu nennen: Das Unternehmen liegt direkt gegenüber der mehrfach im Jahr stattfindenden Kirmes. Unzählige Mitarbeiter werden unmittelbar vor dem Antritt des Kirmesbesuches wie magisch von der Stempeluhr angezogen, um drei Stunden später – nach Achterbahn und Currywurst – wieder auszustempeln. Schon wieder drei Stunden geschuftet. Denken Sie immer daran: Jedes Reglementierungsinstrument fördert die Kreativität, es zu umgehen. *Viertens* schließlich führt die Abschaffung bei der überwiegenden Mehrheit der

Mitarbeiter zu jenen befreienden Reaktionen, die ich oben für den mittelständischen Produktionsbetrieb exemplarisch skizziert habe.

> Jede Reglementierung aus dem Werkzeugkasten fördert die Kreativität, sie zu umgehen.

Bleibt schließlich folgender häufig genannter Einwand: »Ich kann aber auf die Zeiterfassung nicht verzichten. Meine Leute machen Überstunden und die werden auch bezahlt. Nur so kann ich also ermitteln, wer welchen finanziellen Anspruch aus Überstunden hat.« Unter uns: Ich kann die Ohnmacht solcher Ausreden nicht mehr hören. Wer die abgesessene Zeit zur Grundlage der Bezahlung macht, trifft eine Entscheidung. Ich respektiere das. Aber es ist die falsche Entscheidung. Und: Wer in seinem Verantwortungsbereich die Stempeluhr benötigt, um individuelle Leistung zu beurteilen, der hat als Führungskraft versagt.

e. Reisekostenverordnungen – hausgemachte Beschäftigungstherapie

Fünftens begegnen wir schließlich mit *Reisekostenverordnungen* (bitte lassen Sie sich den Begriff einmal bewusst auf der Zunge zergehen) wiederum einem Instrument mit einem Verbreitungsgrad von einhundert Prozent. Es bietet den Baumeistern des Werkzeugkastens einen besonders nahrhaften Boden. Auf vielen Seiten wird minutiös erklärt, welche Ausgaben in welchem Umfang und unter welchen Umständen erstattet werden; es werden sodann Ausnahmen von diesem Regelwerk beschrieben, auf die Ausnahmen der Ausnahmen folgen. Am Ende verzweifeln ganze Sekretariate daran, die Reisekostenabrechnungen der von ihnen betreuten Mitarbeiter korrekt zu erstellen. Schließlich wollen Sie keine Abmahnung von den Verwaltungsstellen erhalten, die extra eingerichtet wurden, um die Reisekostenabrechnungen zu überprüfen. Kontrolle muss schließlich sein. Man weiß ja nie. Wie eine Art internes Finanzamt suchen diese Verwaltungsmitarbeiter wie Spürhunde nach Fehlern, denn dafür werden sie bezahlt. Es ist nicht weniger als ihre Daseins- und Existenzberechtigung. Pointiert gesagt:

> Wenn ein Mitarbeiter eine Taxiquittung fälscht, werden die Spesenregelungen so verschärft, dass jeder nur noch unter notarieller Aufsicht verreisen kann.

Natürlich darf so etwas nicht toleriert werden. Aber *individuelles* Fehlverhalten muss eben *individuelle* Konsequenzen haben. Die hausgemachten Kosten gehen noch weiter: Da das Reisekostenverordnungs-Instrument jede Eventualität zu regeln versucht, was übrigens generell als sicheres Indiz für dahinterliegendes Misstrauen gewertet werden kann (deshalb Vorsicht, wenn Sie ellenlange Arbeitsverträge vorgelegt bekommen!), hat es eine Komplexität erreicht, die kaum noch beherrschbar ist. Also treffen sich die genannten Sekretariats- und Verwaltungsmitarbeiter immer wieder halbjährlich zu internen Schulungen. Ich werde in Teil B des Buches meinen radikalen Gegenentwurf zu diesem Reglementierungsmonstrum präsentieren.

f. Fazit: Führungsrelevante Müllentsorgung

Ich beschränke mich in meiner Analyse auf die genannten fünf Organisationsinstrumente. Natürlich gibt es viele weitere. Sie ebenfalls zu dekonstruieren, würde mir zwar Freude bereiten, aber den Erkenntniswert nicht wesentlich erhöhen und die Schlussfolgerungen nicht verändern. Die Organisationsinstrumente haben zwei Gemeinsamkeiten. Erstens erreichen sie einen extrem hohen Verbreitungsgrad, der zwischen 80 und 100 Prozent schwankt. Jeder hat sie. Zweitens: Keiner braucht sie. Nicht der Wettbewerb, nicht die häufig beklagte Brutalität des Marktes, zwingt die Unternehmen dazu, sich ein derart engmaschiges Organisationskorsett aufzuzwingen. Es ist rein hausgemacht. Insofern darf es auch keine Ausreden geben bei der Aufforderung, sich von den damit einhergehenden Kosten, zeitlichen Investitionen und vor allem den negativen führungsbezogenen Folgewirkungen wieder zu befreien.

5
Entwicklungsinstrumente – oder: Es gibt für niemanden einen Therapieanspruch

a. Rückennummern als Erkennungsmerkmal

Die standardisierende und gleichschaltende Wirkung des Führungs-Werkzeugkastens zeigt sich bei den Entwicklungsinstrumenten beispielsweise wie folgt: Jeder der neu eingestellten Hochschulabgänger bekommt am ersten Tag denselben Entwicklungsplan überreicht. Es ist ein hochkomplexes Werk, von dessen Qualität die Geschäftsleitung absolut überzeugt ist; schließlich hatte sie vor mehr als einem Jahr der Personalabteilung ein großzügiges Projektbudget genehmigt, mit dem die Entwicklungspläne aller Wettbewerber verglichen werden sollten (da ist es wieder, das Benchmarking aus dem ersten Kapitel).

Individualität wird hier gleich doppelt mit Füßen getreten: Zum einen setzt der Standard-Entwicklungsplan identische individuelle Stärken voraus. Das ist absurd und weltfremd. Zum anderen werden aber auch die individuellen Pläne und Zielsetzungen gleichgeschaltet. Dass die Ambitionen der einzelnen Neueinsteiger durchaus in ganz unterschiedliche Richtungen gehen könnten (in der Realität: gehen *werden* und sogar *müssen*), ist nicht vorgesehen. Das ist mindestens genauso absurd und weltfremd. Im Ergebnis werden die Neueinsteiger, die eh schon eine fast beängstigende Homogenität zeigen, noch vergleich- und austauschbarer.

Leinen los. Torsten Schumacher
Copyright © 2009 WILEY-VCH Verlag GmbH & Co. KGaA, Weinheim
ISBN: 978-3-527-50475-6

> Standardisierende Entwicklungsinstrumente sorgen dafür,
> dass wir noch vergleich- und austauschbarer werden.

In manchen Organisationen müssten die Mitarbeiter Rückennummern tragen, damit man sie voneinander unterscheiden kann. Deswegen reden ja auch alle von »Personal« und nicht von Menschen, Individuen oder Talenten. »Personal« atmet den Geist der Masse, des Gesichtslosen, das sich elastisch an die Bedürfnisse der Organisation anschmiegt.«[13] Und diese gesichtslose, graue und durch den Werkzeugkasten normalverteilte Masse soll nun also »entwickelt« werden. Sehen wir uns diesen Anspruch einmal genauer an.

b. Reparaturzirkus Personalentwicklung

Neben den Standardisierungs- und Nivellierungseffekten geht es mir darüber hinaus darum, die Existenzberechtigung der Entwicklungsinstrumente überhaupt infrage zu stellen. Was soll eigentlich entwickelt werden? Und wohin?

Zur ersten Frage: Wenn Menschen entwickelt werden sollen, läuft das letztlich auf eine Veränderung der Persönlichkeit hinaus. Ich halte diesen Anspruch aus drei Gründen für inakzeptabel. *Erstens* kann niemand die Berechtigung oder Legitimation hierzu für sich in Anspruch nehmen. Es gibt für absolut niemanden in unseren Unternehmen einen Therapieauftrag.

> Personalentwicklung ist illegitim.

Zweitens sprechen die praktischen Ergebnisse dieses Entwicklungsversuches eine eindeutige Sprache: Sie sind niederschmetternd. In der Neurobiologie und Lernphysiologie finden wir die Erklärung hierfür: In unseren Gehirnen sind

Milliarden sogenannter Neuronen über unzählige Wege miteinander verknüpft. Um grundlegende Denk-, Gefühls- oder Handlungsmuster zu verändern, müssen Milliarden *neuer* Verbindungen aufgebaut werden. Dieser Prozess kann daher seinem Wesen nach nur graduell sein. Unser Gehirn ist eine organische Struktur und kein Computer, der in kürzester Zeit neue Programme aufnimmt. Das leuchtet den meisten unmittelbar ein, wenn sie sensomotorische Fähigkeiten, wie beispielsweise den Aufschlag beim Tennisspiel, mühsam und über lange Zeiträume trainieren. Aber wir vergessen diesen Zusammenhang, wenn wir es mit fest verankerten psychologischen Mustern zu tun haben. »Das Klischee der magischen Veränderung ist deshalb allgegenwärtig, weil es die allzu menschliche Neigung zum Wunschdenken befriedigt.«[14] Stellen wir also klar: Persönlichkeiten – etwa verstanden als Sammlung von Wertvorstellungen, Einstellungen, Wahrnehmungsmustern, Sensibilitäten und Prägungen – sind bereits in relativ frühen Jahren fix. Begrenzte Persönlichkeitsmodifikationen mögen vielleicht in frühen Kindheitsjahren noch möglich sein (auch wenn mir selbst hieran deutliche Zweifel angebracht erscheinen), aber es ist inzwischen wissenschaftlich unbestritten, dass unsere individuelle Persönlichkeitsstruktur mit zunehmendem Alter fixer wird. In den Dreißigern, wenn die meisten Menschen für erste Führungsaufgaben infrage kommen, ist die Persönlichkeit bereits so gefestigt, dass jeder Versuch der Veränderung – was freundlicher »Personalentwicklung« genannt wird – scheitern muss. Wer nicht aus innerer Überzeugung, vielleicht sogar mit Leidenschaft, anderen *wirklich* gerne dient, wird im Service nie Erfolge feiern. Auch die Personalentwicklung hat keinen Zaubertrank des Druiden. Wer keine *wirkliche* innere Einstellung und Prägung zur Selbstverantwortung hat, wird in keiner Organisation der Welt dauerhaft eigenverantwortlich handeln. Die Führungsgrundsätze in der Hochglanzbroschüre und das Leitbild, das unter Glas an den Wänden hängt, ändern daran null Komma null. Und, mit Blick auf die jüngste

Finanz- und Wirtschaftskrise: Wer durch das Ziel der kurzfristigen Maximierung des eigenen Bonus geprägt ist, der wird genau das dann auch tun. Zumal wenn ihm die unsäglichen Anreizinstrumente sichere Steilvorlagen hierfür bieten. Es ist höchste Zeit, dies endlich anzuerkennen: Wertvorstellungen, Prägungen, Einstellungen sind fix. Deswegen ist es übrigens so wichtig, sie in den Mittelpunkt einiger zentraler Führungsfragen zu stellen. Ich werde im Kapitel über individuelle Auswahl ausführlich hierauf eingehen.

Personalentwicklung ist Ressourcenverschwendung.

Drittens werden insbesondere in größeren Organisationen eher einfache, kleinere Führungsfragen zunehmend mit Instrumenten aus der Schwergewichtsklasse überzogen. Eigene Erfahrungen aus meiner Beratungsarbeit: Zur Bewertung bestimmter Führungsfähigkeiten werden Menschen aus dem mittleren Management in zweitägige Assessment-Center gesteckt. »Das ist vielleicht etwas aufwendig, aber danach wissen wir ganz sicher, ob Müller wirklich durchsetzungsstark ist.« Mir stehen die Haare zu Berge, wenn ich solchen Unfug höre! Wie wäre es denn, wenn wir einmal die sogenannte Führungskraft befragten, an die Müller berichtet? Ach so, die hatte in letzter Zeit so viel um die Ohren? Wer so handelt, macht so ziemlich alles falsch, was man unter Führungsgesichtspunkten falsch machen kann. Müllers Chef wird aus der Verantwortung gelassen, seiner ureigensten Aufgabe nachzukommen: sich mit seinen Leuten zu beschäftigen, ihnen zuzuhören, als Sparringspartner zur Verfügung zu stehen – und schließlich auch, mit individuellem Urteilsvermögen eine Bewertung ihrer Führungsfähigkeiten vorzunehmen. Schlimmer noch: Diese Bewertung wird dann in den meisten Fällen in die Hände von externen Dritten gegeben, die das Assessment-Center durchführen. Das mag zwar schön für die jeweilige Beratungsgesellschaft sein, die viel

Geld hiermit verdient, aber mit guter und richtiger Führung hat das nichts mehr zu tun. Um es klipp und klar zu sagen: Wer die Verantwortung für individuelle Beurteilungen an ein aufwendiges und verkomplizierendes Entwicklungsinstrument, das von Externen durchgeführt wird, abgibt, der hat als Führungskraft einen sehr steinigen Weg vor sich. Punkt. Für solche Fälle lautet meine Bewertung:

Personalentwicklung ist vermessen.

Damit zur zweiten Eingangsfrage: *Wohin* sollen die Menschen entwickelt werden? Keiner weiß das so genau. Also werden die lauwarmen, aussagelosen Allgemeinplätze der Leitbilder und Unternehmensgrundsätze gezückt und zum Ideal und Bezugspunkt für jeden Einzelnen gekürt. Mein Einspruch ist zweigeteilt. *Erstens* sind die genannten Organisationsinstrumente in der Regel aussage- und kraftlos, wie ich im vorherigen Kapitel gezeigt habe. Wer in Leitbildern lauwarmes Gefasel von »Der Kunde ist wichtig« und »Wir wollen alle schön zusammenarbeiten« von sich gibt, der kann nicht erwarten, dass die daraus abgeleiteten Entwicklungspfade auch nur einen Deut griffiger würden. Im Ergebnis lauten die Entwicklungsschablonen dann »Sieben Schritte zum Vertriebsprofi« oder »Die Checkliste der Mitarbeiterführung«. Alle marschieren – im Gleichschritt und ohne klares Ziel. Das ist, mit Verlaub, durch die Geschäftsleitung alimentierte Gehirnverseuchung.

Personalentwicklung ist Beschäftigungstherapie.

Zweitens zeigt die überwiegende Mehrheit der Personalentwicklungsmaßnahmen in die falsche Richtung: Es wird an individuellen Schwächen herumgedoktert, statt Stärken weiter zu stärken. Mit großem Elan und teilweise fast missionarischem Eifer werden persönliche Defizite und Schwächen aufgespürt und sodann der segenbringende Entwicklungsplan übergestülpt. Wir müssen in diesem Zusammenhang erkennen und akzeptieren, dass wir alle nur über sehr wenige individuelle Stärken verfügen. Ich werde im zweiten Teil des Buches erläutern, wie Sie Ihre individuellen Stärken erkennen und weiter fördern können. Wir müssen anerkennen, dass jemand, der vor Kunden keinen Ton herausbekommt, niemals signifikante Vertriebserfolge erzielen wird. Es wird nicht funktionieren. Niemals. Wir müssen anerkennen, dass jemand, der die einfachsten Zusammenhänge des Rechnungswesens nicht versteht, niemals ein auch nur mittelmäßiger Bilanzanalytiker werden wird. Und so weiter und so fort. Deswegen ist es so wichtig, dass Stärken weiter gestärkt werden. Nur so können wir überhaupt eine Chance auf ungewöhnliche Leistungen, auf überraschende Beiträge, die einen Unterschied machen, haben. Ansonsten gilt:

Personalentwicklung ist fehlgeleitet.

c. Fazit: Instrument ohne Legitimationsbasis

Personalentwicklung kommt zwar im Gewand des Guten und Wohlwollenden daher, zeigt aber die gleichen standardisierenden und nivellierenden Effekte wie die übrigen Instrumente des Werkzeugkastens. Ich habe meine Auffassung pointiert vertreten, nach der die gängige Personalentwicklung nicht nur niederschmetternde Ergebnisse in der Praxis zeigt, sondern ihr die grundsätzliche Legitimationsbasis fehlt.

---

13 Sprenger, *Aufstand des Individuums*, S. 107.

14 Strenger/Ruttenberg, *Der Weg zur zweiten Karriere*, S. 63.

6
Zwischenresümee –
Paradigmenwechsel in der Führung

Mit dem prall gefüllten Führungs-Werkzeugkasten mögen in den vergangenen Jahrzehnten Fortschritte erzielt worden sein bei der Rationalisierung und Standardisierung von Arbeitsabläufen oder bei der Koordination der Aktivitäten von Tausenden Beschäftigen. Aber wir zahlen heute einen hohen Preis dafür. Denn jedes der dargestellten Instrumente wirkt normierend und standardisierend und erzeugt Anonymität. Scheingenauigkeiten und Quantifizierungsstreben ersetzen Urteilskraft, Kreativität und den Mut zum eigenen und eigenständigen Denken und Handeln. »Die moderne Managementmaschinerie zwingt unkonventionelle Menschen mit eigener Meinung und freiem Geist dazu, sich Normen und Regeln zu unterwerfen, womit sie auch enorm viel menschliche Vorstellungskraft und Initiative unterdrückt.«[15] Im Kern: Der Mensch als Individuum gerät aus dem Blickfeld. Wohlgemerkt: Kein Markt, kein Wettbewerb hat den Werkzeugkasten gefordert; er ist vollständig hausgemacht. Die immanenten Führungsprobleme sind selbst produziert.[16]

Heute sind zahlreiche Organisationen und deren Führungskräfte Gefangene ihres selbst geschaffenen Werkzeugkastens und seiner normierenden Wirkungen. Es sind Unternehmen, in denen individuelle Urteilskraft nicht erwünscht ist. Deshalb:

Hiermit wähle ich den normierenden Werkzeugkasten ab.

Leinen los. Torsten Schumacher
Copyright © 2009 WILEY-VCH Verlag GmbH & Co. KGaA, Weinheim
ISBN: 978-3-527-50475-6

An seine Stelle tritt ein praktikabler Ansatz, den ich Individuelle Führung nenne. Individuelle Führung ist vor allem eine Führung ohne standardisierende und normierende Werkzeuge und Regelwerke. An ihre Stelle treten *Prinzipien*, die das Fundament eines gemeinsamen Führungsverständnisses schaffen, das ich im zweiten Teil des Buches vorschlagen werde. Diese Prinzipien stellen weitestmöglich abgesteckte Leitplanken dar, innerhalb derer sich individuelle Führung gestaltet. Sie ersetzen die Scheingenauigkeiten des Werkzeugkastens. Dessen Symbole Lineal, Digitalwaage und Stoppuhr ersetze ich durch das Symbol Kompass.

Mein Ansatz der Individuellen Führung soll den einzelnen Menschen, mit seiner Individualität und Einzigartigkeit, wieder dorthin bringen, wo er hingehört: in das Zentrum der Wahrnehmung und des Handelns jeder Führungskraft. Das ist deutlich anspruchsvoller, als Standardrezepte und -instrumente über alle Menschen in einer Organisation oder einem Verantwortungsbereich zu gießen. Aber es führt kein Weg hieran vorbei; wir müssen uns dieser Aufgabe stellen. Mit Kraft, Entschlossenheit und, wenn möglich, sogar Leidenschaft. Im Ergebnis müssen wir etwas zurückgewinnen, was wir wahrscheinlich dringender denn je benötigen: individuelles Urteilsvermögen. Es ist wichtig zu erkennen, dass die hiermit einhergehenden Bewertungen und Abwägungen notwendigerweise unscharf, nicht eindeutig und diskutabel sind.

> Führung ist schwierig und anspruchsvoll. Patentrezepte gibt es nicht. Instantlösungen des »10 Schritte zum ...« gehören auf den Müll.

Ich plädiere damit nicht dafür, die gleichen Dinge »irgendwie anders« zu tun. Ich plädiere für einen *Paradigmenwechsel* in der Führung. Die Zeit erscheint mir überreif hierfür. Die jüngste Finanz- und Wirtschaftskrise ist nicht nur auch, sondern *zuvorderst* eine Führungskrise.

Der standardisierende Werkzeugkasten folgte den Paradigmen von Effizienz und Exaktheit. Mein Ansatz der individuellen Führung folgt den Paradigmen von Individualität, Verantwortung und Menschlichkeit.

15 Hamel, *Das Ende des Managements*, S. 22.

16 Diese These wird durch neuere personalwirtschaftliche Studien auch bestätigt. Vgl. Kröll, *Das Dilemma der Personalarbeit*, S. 12.

Teil B
Die Zukunft:
Führung als individuelle Wahrnehmung

Leinen los. Torsten Schumacher
Copyright © 2009 WILEY-VCH Verlag GmbH & Co. KGaA, Weinheim
ISBN: 978-3-527-50475-6

1
Individuelle Auswahl – vom Milliardengrab zur wichtigsten Aufgabe

a. Praxisbericht: ein Milliardengrab

Wenn Menschen für neue Aufgabenbereiche ausgewählt werden, befinden sich die damit zusammenhängenden Führungsaufgaben in den meisten Unternehmen in einem miserablen Zustand. Dieser Befund gilt gleichermaßen für Menschen, die von außen neu in eine Organisation kommen (was klassischerweise unter »Personalauswahl« verstanden wird), wie für Beförderungen innerhalb einer Organisation (was ich im Kapitel »individueller Aufstieg« detailliert behandeln werde), wie für die Besetzung von Projektaufgaben (was trotz der weiter steigenden Bedeutung in der Regel gänzlich vernachlässigt oder gar nicht als Führungsaufgabe verstanden wird). Die Liste der Fehler mit hohem Verbreitungsgrad ist lang. Hier – in aller Kürze – die wichtigsten:

*   *Zu wenig Zeit* – Dieser häufigste Fehler hat sich bereits wie eine Seuche ausgebreitet: Auswahlgespräche werden zwischen die Termine des sogenannten Tagesgeschäftes gepresst. Das ist so, als würde sich der Lufthansa-Pilot beim Landeanflug auf Hamburg im letzten Moment überlegen, die Räder doch noch auszufahren – und hoffen, dass die kurze, nun noch zur Verfügung stehende Zeit dafür ausreichen möge. Ein professionelles Auswahlgespräch braucht nicht nur mentale Präsenz (auch die fehlt häufig), sondern schlichtweg auch Zeit: etwa eineinhalb Stunden bei den Profis und mindestens zwei

Stunden bei denen, die nur gelegentlich diese Führungsaufgabe wahrnehmen. Dazu kommt jeweils eine Stunde für eine vernünftige Vor- und Nachbereitung. Das entspricht, bezogen auf 8 Stunden, einem halben Arbeitstag! Wir müssen uns dies klarmachen und unser mentales Modell entsprechend verändern – um der eigenen Professionalität willen.

- *Zu weit unten* – Aus der mangelnden Zeit leitet sich direkt ein weiterer Fehler ab: Die Auswahlgespräche werden in der Hierarchie nach unten weitergereicht und in der Folge sitzen den Kandidaten die falschen Gesprächspartner gegenüber. Insbesondere Mitglieder der Unternehmensleitung (oder Abteilungs- bzw. Bereichsleitung, je nach Aufgabe) sind überhaupt nicht sichtbar. Welch vertane Chance!

- *Zu allgemein* – Auswahlgespräche werden »irgendwie erledigt«; es fehlt an Ausbildung und Kenntnissen, was eine wirkungsvolle Auswahlpraxis auszeichnet. So werden allzu häufig Lebensläufe chronologisch abgearbeitet. Mehrwert zur Papierform: minimal bis nicht vorhanden. Entscheidend ist, was die kritischen Voraussetzungen und Erfordernisse der jeweiligen Aufgabe sind und welche *Kompetenzen* sie deshalb erfordert. Da kompetenzbasierte Interviews ein ganz wesentlicher Baustein für die professionelle Auswahl sind, werde ich im übernächsten Abschnitt auf diesen Punkt zurückkommen und ihn mit Beispielen illustrieren.

- *Zu einseitig* – Kandidaten werden einseitig ausgepresst. Wer so agiert, wird die besten Talente nicht gewinnen können. Niemals. Eine effektive Auswahl verläuft in zwei Richtungen. Wir müssen akzeptieren, dass sich die Unternehmen um die besten Leute bewerben. Nicht andersherum. Deshalb: Stellen Sie Ihr Unternehmen so authentisch wie möglich dar; mit seinen Schwächen genauso wie mit den Stärken. Und: Konzentrieren Sie sich dabei auf die informellen Regeln und Mechanismen

und lassen Sie das Organisationshandbuch im ver-
schlossenen Schrank liegen.

- *Zu langsam* – Immer wieder ist zu beobachten, dass der
Auswahlprozess deutlich zu langsam, zäh und schlep-
pend verläuft. Eine Gesamtdauer von 6 Monaten und
mehr ist kein Einzelfall. Natürlich ist Geschwindigkeit
nicht alles, aber die Top-Leute nehmen auch diese Sig-
nale sehr aufmerksam wahr. Insbesondere nachdem
Auswahlgespräche stattgefunden haben, ist es wichtig,
Rückmeldungen so zeitnah wie möglich (innerhalb von
3 Arbeitstagen – immer) und so differenziert wie
möglich zu geben. Ich werde später erläutern, wie ein
professionelles Feedback aussieht.
- *Falsche Anreize* – Schließlich greifen neun von zehn
Führungskräften völlig daneben, wenn es darum geht,
das eigene Unternehmen den besten Leuten schmack-
haft zu machen. Sie schnüren entweder immer buntere
und dickere finanzielle Pakete oder stellen die astronomischen Gewinne und steilen Wachstumskurven der
letzten Jahre in den Vordergrund. Was die Top-Talente
dagegen wirklich interessiert, werde ich im Verlauf dieses Kapitels enthüllen.

Soweit der, hier summarisch dargestellte, Befundbericht
aus der Praxis. Wer nicht um den heißen Brei herumredet,
kann nur zu folgender Bewertung kommen:

> Die gängige Auswahlpraxis befindet sich in einem jämmerli-
> chen Zustand. Sie ist ein Milliardengrab.

Zusätzlich führt die in Teil A des Buches analysierte technokratische Werkzeugkasten-Mentalität dazu, dass auch hier
allerlei Kennzahlen den Blick für das Wesentliche verwässern
und von den eigenen Missständen ablenken. Zu langsam?
»Unsere Wettbewerber sind doch auch nicht schneller!« Zu
allgemein? »Wer führt schon wirklich professionelle, kom-

petenzbasierte Interviews durch!« Falsche Anreize? »Wir zahlen doch höhere Boni als die meisten anderen in unserer Branche!«

> Wer sich ständig mit vergleichbaren Unternehmen vergleicht, wird vor allem eines: vergleichbarer.

In der Folge werden die eigene Austauschbarkeit und Mittelmäßigkeit zementiert. Was dagegen helfen würde und wirklich neue Einsichten bringen kann, ist der Blick in »fremde« Gefilde. Viele reden über den berühmten Blick über den Tellerrand, aber nur wenige wagen ihn wirklich. Ich empfehle in diesem Zusammenhang für die Zwecke einer professionellen Auswahl beispielsweise einen Blick in die Welt von Ballett-Ensembles oder Spitzen-Orchestern.[17]

Es ist jedenfalls frappierend, wie klar der oben skizzierte Zustand im Widerspruch steht zu der angeblich »überragenden Bedeutung der eigenen Mitarbeiter« und was sonst noch so an politisch korrekten Phrasen, die nach sozialer Erwünschtheit haschen, abgelassen wird. Er reizt zu längeren Ausführungen, aber zum einen sind mit den genannten Punkten die wichtigsten und am weitesten verbreiteten Missstände adressiert und zum anderen will ich mich lieber ausführlich mit der Frage beschäftigen, wie stattdessen eine gute und wirkungsvolle Auswahl aussehen muss.

b. Prinzipien guter und richtiger Auswahl

Wie also besser? Was sind die Prinzipien, nach denen die individuelle Auswahl, diese wichtigste Führungsaufgabe überhaupt, wahrgenommen werden muss?[18] Die Bedeutung dieser insgesamt sechs Prinzipien kann nach meiner Auffassung nicht hoch genug eingeschätzt werden. Wie gesagt: Der von mir geforderte Paradigmenwechsel für gute und richtige

Führung stützt sich auf *Prinzipien*, die Orientierung geben und gleichzeitig ausreichend Raum lassen für die authentische und individuelle Wahrnehmung der einzelnen Führungsaufgaben. Nehmen Sie sich Zeit für die nächsten Abschnitte.

Erstes Prinzip: innere Unabhängigkeit statt Mitläufer

Die jüngste Finanz- und Wirtschaftskrise beschäftigt uns das ganze Jahr 2009 – und wahrscheinlich weit darüber hinaus. Ihre Auswüchse sind so weitgehend, dass uns der Atem stockt. Eine Schreckensmeldung jagt die nächste. Bei derart viel Krisenmanagement droht eine profunde Analyse der *Ursachen* der Krise in den Hintergrund zu geraten. Im Führungskontext ist eine Ursache herauszustellen, die nach meiner Überzeugung eine fundamentale Erklärung liefert für die Verwerfungen der letzten Zeit: Wenn eine Organisation zu viele Mitläufer, Weggucker und Ja-Sager beherbergt, dann kann das Fehlverhalten Einzelner Folgen in ungeahntem Ausmaß nach sich ziehen. Wo sind sie gewesen, die Kritiker, die hätten klarstellen müssen, dass selbst viele Banker die komplexen Finanzmarktprodukte nicht mehr verstehen? Sie haben geschwiegen. Wo waren diejenigen mit gesundem Urteilsvermögen, die eine Revolte hätten anzetteln müssen, wenn auf breiter Front faule Kredite ohne jede Bonitätsprüfung an zahlungsschwache Kunden vergeben werden. Sie sind mitgeschwommen im verseuchten Kreditstrom und haben damit ihre eigenen Boni optimiert (Sie wissen schon: Der Werkzeugkasten mit den unsäglichen Anreizinstrumenten hat ihnen die Steilvorlagen geliefert.). Wo waren diejenigen mit wachem Verstand, die hätten aufdecken müssen, dass ein System, das individuelle Chancen optimiert und die dazugehörigen Risiken sozialisiert, in die Katastrophe führen *muss*. Sie haben weggeschaut. Wo waren die Vorausschauenden, die hätten sehen müssen, dass ein Werkzeugkasten, der die kurzfristige eigene Einkommensmaximierung honoriert (und in den schlimmsten Fällen noch mit absurden Abfindungen garniert) und die dauerhafte Leistungsfähigkeit der Organisation vernachlässigt, enorme Schäden anrichtet. Sie haben ebenfalls in den Werkzeugkasten gegriffen.

> Was wir mehr denn je benötigen: Leute mit wachem Geist und *innerer Unabhängigkeit.* Mitläufer müssen wir aussortieren.

Ich halte diese Forderung inzwischen für derart wichtig, dass ich sie an den Anfang der Prinzipien wirksamer individueller Auswahl stelle. Ein weiterer positiver Effekt kommt hinzu: Menschen, die diese innere Unabhängigkeit mitbringen, interessieren sich in aller Regel nicht für Selbstinszenierungen, Egotrips, Personenkult und die Flut von Statussymbolen, mit denen manche mehr Zeit verbringen als mit ihren Kunden.

Deshalb fordere ich immer wieder: Stellen Sie mehr Leute mit Ecken und Kanten ein. Viel zu häufig werden diejenigen bevorzugt, die nicht anzuecken drohen; von denen keine Schwierigkeiten zu erwarten sind. »Wer hat die geringsten Schwächen?« ist die Leitfrage einer solchen Auswahl. Wer *innere Unabhängigkeit* wirklich haben will, der muss zunächst diese fatale Vorgehensweise umkehren und Leute mit Ecken und Kanten nicht nur zähneknirschend an Bord nehmen, sondern regelrecht um sie werben. Ja, richtig, das ist viel anstrengender, als einen Haufen meinungsloser Ja-Sager zu kommandieren. Vor allem aber ist es viel anspruchsvoller und erfordert eine gehörige Portion guter Führung. Die Flure und Büros sind voll abgerundeter Persönlichkeiten; derart abgerundet, dass keine gute Idee, kein neuartiger Vorschlag an ihnen hängen bleibt. Wer die Forderung nach Ecken und Kanten nicht beherzigt, wird tendenziell eine amorphe graue Masse vorfinden. Gesichtslose Grauanzugträger, die ihre Kreativität morgens beim Pförtner abgeben (um sie übrigens nachmittags auch wieder dort abzuholen, denn nach Dienstschluss entwickeln sie ein ungeahntes Maß an Kreativität; im Sportverein, in der Schule ihrer Kinder oder im nachbarschaftlichen Engagement) und auch sonst den Mund nicht aufkriegen. Nicht für ihre eigenen Interessen, aber eben auch nicht, wenn sie die Interessen des Unternehmens gegenüber Kunden, Lieferanten oder sonstigen Geschäftspartnern vertreten sollten.

Entscheiden Sie sich für Vielfalt statt Konformität.

Zweites Prinzip: Einstellungen sind wichtiger als Sachkenntnisse

Der Fokus der Auswahlprozesse ist immer noch auf Sachkenntnisse gerichtet. Nach allen Regeln der Kunst wird der Bewerber – externer Kandidat wie interner Mitarbeiter, der sich für eine neue Aufgabe bewirbt – aufgebohrt, um seine Sachkenntnisse abzuprüfen. Auch wenn es für manche eine schwer zu knackende Nuss sein wird: Hierauf kommt es jedoch für Führungsaufgaben nicht primär an.

*Führungs*aufgaben erfordern primär *Führungs*fähigkeiten, nicht Sachkenntnisse.

Wer also Führungsaufgaben zu besetzen hat, der muss seinen Fokus verändern; weg von Sachkenntnissen und hin zu *Einstellungen*. Auf die Einstellungen des Bewerbers kommt es an.[19] Ich werde auf diesen überragend wichtigen Punkt in den nächsten beiden Abschnitten zurückkommen.

Drittes Prinzip: an individuellen Stärken orientieren

Wer in globalen Wettbewerbsmärkten nicht nur seinen Kopf über Wasser halten, sondern sogar einen Unterschied machen will, der braucht Menschen, die ihre jeweiligen individuellen Stärken bestmöglich zur Entfaltung bringen. Und zwar nicht nur in ein paar zufälligen Einzelfällen, sondern auf breitester Front. Sozusagen als umfassendes Organisationsprinzip. Die Entscheidung darüber, wer in diesem Zusammenhang den richtigen Weg oder einen Irrweg beschreitet, wird genau hier getroffen: bei der individuellen Auswahl. Diese ist allerdings in acht von zehn Fällen zu stark auf Schwächen ausgerichtet. Eine Mentalität der Absicherung und Fehlervermeidung ist die wesentliche Ursache hierfür. Drehen Sie den Spieß um! Wer das Besondere mit seinem Unternehmen erreichen will; wer hierfür überraschende Vorschläge seiner Leute erwartet; für wen Spitzenleistungen kein Teufelszeug sind, der kommt hieran nicht vorbei: *Stärken weiter stärken* ist die Leitlinie einer guten, wirksamen und richtigen individuellen Auswahl. Ich werde im Kapitel über individuelle Einsatzgestaltung erläutern, wie Sie individuelle Stärken *erkennen* – bei sich selbst wie bei anderen.

Viertes Prinzip: zurück zu praktischem Realismus

Nachdem die ersten drei Prinzipien die Frage adressiert haben, auf *was* sich eine wirkungsvolle Auswahl konzentrieren soll – innere Unabhängigkeit, Einstellungen und individuelle Stärken –, bezieht sich mein viertes Prinzip auf das *Wieviel*. Wie viel kann ich erwarten von denjenigen, um deren Leistungsvermögen und Kreativität ich mich mit meinem Unternehmen gerade bewerbe? (Die aufmerksamen Leser werden den letzten Satz zweimal gelesen haben. Hören wir endlich auf, so zu tun, als ob sich die sogenannten Kandidaten bewerben! Es ist genau andersherum. Definitiv.) Zurück

zum *Wieviel.* Seit einigen Jahren beobachte ich in diesem Zusammenhang eine nicht enden wollende Immer-höher-weiter-Spirale. Man braucht nur die Samstagsausgabe der FAZ
aufzuschlagen, um zu sehen, was wir vermeintlich alles sind:
innovativ, kreativ, begeisterungsfähig und natürlich auch be-
geisternd, selbstredend teamfähig (hierzu mehr im fünften
Prinzip), integrativ bei gleichzeitig hohem Durchsetzungs-
vermögen, kommunikationsstark, international ausgebildet,
sozial engagiert, unternehmerisch, emphatisch und sensibel,
und so weiter und so weiter. Ein solcher Forderungskatalog
ist schon deshalb nicht alltagstauglich, weil wir alle nur über
eine sehr begrenzte Anzahl individueller Stärken verfügen.
Niemand ist die hier proklamierte Mischung aus Oberstleut-
nant, Nobelpreisträger für Physik und Showmaster. Machen
Sie diese »Anleitung zum Universalgenie« nicht mit! Wir
brauchen in diesem Zusammenhang dringend wesentlich
mehr praktischen Realismus. Im Übrigen: Buchstäblich niemand erbringt ständig Spitzenleistungen. Dieser Mythos
wird zwar von zahlreichen Motivations-Einpeitschern immer
wieder hochgehalten. Er ist jedoch eine Legende, Lichtjahre
von jeder praktischen Lebenserfahrung entfernt und nicht
zuletzt schlichtweg inhuman.[20] Hierauf kommt es an: Ehr-
lichkeit und Realismus, nicht Superlative.

Fünftes Prinzip: Zusammenarbeits-
statt Teamfähigkeit

Teams sind in aller Munde. Keine Stellenanzeige, kein
Auswahlverfahren, in dem nicht die Forderung nach Teamfähigkeit an prominenter Stelle erhoben würde. Wenn modern das ist, was alle machen, dann können wir der Anforderung zur Teamfähigkeit höchste Modernität zubilligen. Überall werden Teams verschiedene Segnungen zugesprochen:
bessere Arbeitsergebnisse in kürzerer Zeit und mit höherer
Akzeptanz; natürlich auch eine höhere Motivation der Team-

mitglieder – um nur die am häufigsten genannten zu erwähnen. Ich habe bereits an anderer Stelle[21] erläutert, dass mein Standpunkt hiervon deutlich abweicht: Teams werden in unerträglichem Ausmaß glorifiziert. Jede pointierte Einzelmeinung, die einen fruchtbaren Diskurs in der Sache auslösen könnte, wird der teamgetränkten Harmoniesoße geopfert. Das Ergebnis basiert mit mechanischer Sicherheit auf dem kleinsten gemeinsamen Nenner. Bloß nicht konstruktiv aneinander reiben; das ist viel zu anstrengend! Und die Unternehmensleitung wundert sich, dass schon lange keine wirklichen Neuerungen mehr entwickelt wurden. Überraschungen gibt es nur noch außerhalb des Werksgeländes. Warum ist das so? Was ist die wesentliche Konsequenz dieser unverantwortlichen Teamhuldigung? Die Antwort ist so klar wie besorgniserregend: Individuelle Verantwortung bleibt auf der Strecke. Selbstverantwortung und Teams vertragen sich nicht. Denn in neun von zehn Teams (außer den wenigen, die von einer hochwirksamen Führungspersönlichkeit geleitet werden) verwischen klare Zuordnungen von Aufgaben und Ergebnissen. Individuelle Beiträge verwässern.

Teams sozialisieren individuelle Verantwortung.

Meine provokante These: Genau deswegen sind Teams so beliebt. Noch provozierender: »Kaum etwas ist so charakteristisch für den deutschen Arbeitsalltag wie der Hang zu Herdentrieb und Zusammenrottung.«[22] Somit lässt es sich gemütlich leben im Team. Mancher hat seine Kuschelecken in den vielen Teams gefunden. Bitte nicht stören! Reinhard Sprenger hat in diesem Zusammenhang eine Unterscheidung eingeführt, die sich mit meinen Beobachtungen in vielen unterschiedlichen Unternehmen deckt: Formalisierte *Teams* auf der einen und die offene, sich aus der Sache ergebende und nicht formalisierte *Zusammenarbeit*, die auf dem direkten, spontanen und freiwilligen Kontakt basiert, auf der anderen Seite. »Zusammenarbeit ist nicht notwendig Teamarbeit; und Teams arbeiten oftmals nicht zusammen (…). Teamarbeit steht immer unter Zeitdruck; die Zusammenarbeit tendenziell nicht. Teams sitzen in Meetings; Zusammenarbeit bevorzugt den Face-to-Face-Dialog zwischen Partnern. Teams haben eine Tendenz zum Gleichmachen (…). Zusammenarbeit will gerade die Unterschiedlichkeit erhalten und sie nutzen, die Stärken des Individuums nicht nivellieren, sondern zur Geltung kommen lassen.«[23] Aus Praxissicht füge ich eine weitere, sehr wesentliche Unterscheidung hinzu: In Teams sitzt, wer auf der Teilnehmerliste steht. Und die ist nach allen Regeln der firmenpolitischen Kunst und Rücksichtnahmen aufgebläht worden: bloß jede Abteilung berücksichtigen, sonst gibt's Ärger. Dann noch der Betriebsrat, der kann zwar fachlich nicht mitreden, aber wir müssen ihm was Gutes tun. Und die Gleichstellungsbeauftragte, man weiß ja nie. Und den Lohmeier nicht vergessen, der trägt zwar nichts bei, kann dann aber an anderer Stelle kein Unheil anrichten. Und so weiter und so weiter. Ist dieses Gebilde aus politischer Korrektheit und falsch verstandenen Rücksichtnahmen« dann doch nicht »wasserdicht«, werden umfangreiche Rechtfertigungsrituale losgetreten. Fundamental anders bei der Zusammenarbeit: Hier treten diejenigen in direkten Kontakt, die sich auf Augenhöhe austauschen *wollen*. In der Logik der Zusammenarbeit gehe ich aus *eigenem* Antrieb auf meinen Gesprächspartner zu. Ich kann ihn damit auch jederzeit wieder abwählen. Und er mich. Das entspricht eigenverantwortlichem Handeln. Zusammenfassend: Wer Teamfähigkeit fordert, bekommt graue Mäuse. Wer dagegen auf freiwillige Zusammenarbeit setzt, zieht selbstverantwortliche Menschen an, die mit individuellen Beiträgen im Sinne des Unternehmens einen Unterschied machen wollen.

Sechstes Prinzip: Disziplin statt fauler Kompromisse

Schließlich erfordert eine wirkungsvolle und gute Auswahlpraxis eine gehörige Portion Disziplin. Jeder kennt diese Situation: Ein interessanter Kandidat ist durch ein wie auch immer gestaltetes Auswahlverfahren gelaufen, hat viele gute Eindrücke hinterlassen, aber die Gesamtbeurteilung ist nicht klar genug. Es bleiben Zweifel. Dann der entscheidende Fehler: In mindestens drei von vier Fällen wird ein Auge zugedrückt und mit einer hoffnungsgetränkten »Es-wird-schon-gutgehen-Haltung« beginnt die Zusammenarbeit. Um es klar zu sagen: Selbst wenn Sie die ersten fünf Prinzipien weitgehend berücksichtigt und ihre individuelle Auswahl entsprechend professionalisiert haben, können Sie mit der Missachtung dieses sechsten Prinzips noch alles zerstören. Also: Gehen Sie hier keine Kompromisse ein!

Die besten Führungskräfte beherzigen dies:

Im Zweifel *gegen* den Kandidaten.

Erlauben Sie mir an dieser Stelle einen kleinen Seitenblick, auch wenn er über das eigentliche Thema der individuellen Auswahl hinausgeht: Besonders krass wird gegen das sechste Prinzip verstoßen, wenn aggressive Wachstumspläne verfolgt werden.[24] Schlechte und falsche Führung zeigt sich dann gleich in doppelter Ausprägung: Zum einen werden bei Einstellungen Qualitätsabstriche fahrlässig in Kauf genommen, denn man muss ja die Wachstumsambitionen personell unterfüttern. (Manche werden sogar daran gemessen, wie viele neue Köpfe sie eingestellt haben. Völlig absurd, aber leider keine Einzelfälle. Eine besonders dunkle Kammer des Führungs-Werkzeugkastens …) Zum anderen ist es grundfalsch, wenn auch sehr weit verbreitet, Wachstumszahlen jeglicher Ausprägung überhaupt als unternehmerisches Ziel oder gar Strategie auszugeben. Sie sind vielmehr das *Er-*

gebnis einer klugen Ausrichtung und Unterscheidung von der grauen Masse der Konkurrenz, dürfen aber nie das *Ziel* selbst sein. Diese Unterscheidung ist fundamental für gute und richtige Führung. Anders leider in der Praxis: Vor allem die den Kapitalmärkten gegebenen Wachstumsversprechen führen regelmäßig dazu, dass die Auswahldisziplin verwässert wird und faule Kompromisse eingegangen werden. Wieder ist ein Seitenblick in die Musik aufschlussreich: Wenn nach dem ausgiebigen Aufnahmeverfahren einer Gruppe hoffnungsvoller Musiker keiner der Probanden den strengen und unnachgiebigen Qualitätsstandards des Orchesters entspricht, dann beginnt das ganze mühsame Verfahren eben wieder von vorne.[25)] Anschauungsmaterial für gute und richtige Führung.

c. Welche Kompetenzen verlangt die Aufgabe?

Wer die sechs Prinzipien beherzigt, wird bei seiner individuellen Auswahl alles richtig machen und schon nach relativ kurzer Zeit ungeahnte Früchte ernten. In der weiteren Betrachtung stelle ich in den folgenden Abschnitten einige Aspekte heraus, die auf den grundsätzlichen Überlegungen aufbauen und von fundamentaler Bedeutung für eine erstklassige Auswahlpraxis sind.

Ich beginne mit der unbedingt erforderlichen Orientierung an Kompetenzen. Zu Beginn dieses Kapitels habe ich bezüglich der häufigsten Fehler dargestellt, dass neun von zehn Auswahlgesprächen »irgendwie erledigt« werden. Es fehlt an Kenntnissen darüber, was eine gute Auswahlpraxis auszeichnet und im Ergebnis wird der Lebenslauf chronologisch abgearbeitet. Der über die reine Papierform hinausgehende Mehrwert ist damit immer begrenzt, in vielen Fällen kaum noch erkennbar. Worauf es dagegen ankommt, ist die Frage, was die kritischen Voraussetzungen und Erfordernisse der im Raum stehenden Aufgaben sind und welche Kompetenzen sie deshalb erfordern. Diese Frage ist zentral für eine wirksame individuelle Auswahl und es ist bemerkenswert, wie wenig Beachtung sie findet.

Konzentrieren Sie sich in den Auswahlgesprächen auf die *Kompetenzen*, die die Aufgabe verlangt. Die chronologische Durchsprache von Lebensläufen ist amateurhaft, langweilig und Zeitverschwendung.

Zu häufig bleiben die Erkenntnisse nach Auswahlgesprächen undifferenziert und an der Oberfläche. Man findet die Person »irgendwie nett«, mit einem »insgesamt interessanten Werdegang« und »grundsätzlich kompetent«. Ein Sammelbecken für Allgemeinplätze. Wer seine Leute so auswählt, kann sich vom Gedanken des Spitzenunternehmens verabschieden. Für immer. Was wir dagegen unbedingt benötigen, ist die saubere Beantwortung ebendieser Frage: Welche Kompetenzen sind für eine herausragende (nicht: geräuschlose, mittelmäßige oder effiziente) Erledigung der anstehenden Aufgaben (nicht: Stelle) erforderlich?

Dass sich die Auswahlpraxis hieran orientiert, ist deswegen so wichtig, weil sich hinter ein und derselben *Position* (da ist sie wieder, die Stelle!) ganz unterschiedliche *Anforderungen* verbergen, die wiederum jeweils andere individuelle Kompetenzen und Fähigkeiten erfordern. Sehen wir uns die Position »Leitung zentrales Controlling« als Beispiel an. Im ersten Unternehmen besteht die Aufgabe im Kern darin, sehr komplexe Zulieferungen der Tochtergesellschaften zu einem Gesamtberichtswesen für die Unternehmensleitung zu konsolidieren. Für diese Aufgabe werden Menschen gebraucht, die über eine starke analytische Denkfähigkeit verfügen. Umfangreiche Zahlenwerke und lange Excel-Tabellen schrecken diese Individuen nicht ab, sondern setzen zusätzliche Kraftreserven frei. Zusätzlich darf Empathie kein Fremdwort für sie sein, denn ihr Gesamtbericht muss empfängerorientiert geschrieben und auf die Bedürfnisse der Unternehmensleitung zugeschnitten sein (übrigens eine Anforderung, die bei den meisten Controllern vergessen wird). Im zweiten Unternehmen verbergen sich hinter dem gleichen Titel ganz andere Aufgaben: Hier geht es darum, die Ansichten der verschiedenen Abteilungsleiter zum Thema Controlling unter einen Hut zu bekommen und in einer Art Verhandlungsprozess dafür zu werben, dass bestimmte Zahlen einfach zur Gesamtsteuerung des Geschäftes benötigt werden. Der »Leiter zentrales Controlling« wird hier zum Beziehungsmanager, der einerseits die Anforderungen der Geschäftsleitung in die Organisation hinein trägt und andererseits auf die Bedürfnisse der dezentralen Führungskräfte eingeht. Kommunikationsfähigkeit und der Aufbau von Beziehungen sind in diesem Fall zentrale Kompetenzfelder. Im dritten Unternehmen schließlich besteht die Kernaufgabe im Wesentlichen darin, ein funktionierendes Controlling überhaupt erst einmal aufzubauen. In dieser Aufgabe wird es auf Konzeptionsstärke, ergänzt durch einen Schuss Kreativität, ankommen.

Fazit: gleiches Etikett – aber völlig unterschiedliche Inhalte und Kompetenzanforderungen. Nebenbei verdeutlicht das Beispiel, wie wenig hilfreich das Denken in formalen Positionen und Stellen tatsächlich ist.

Streichen Sie die Begriffe *Position* und *Stelle* aus Ihrem Wortschatz. Definieren Sie stattdessen die *Kompetenzen*, die die *Aufgabe* verlangt. Nehmen Sie sich hierfür Zeit und halten Sie Ihre Überlegungen schriftlich fest.

Auch hier: Der normierende Werkzeugkasten führt in die Irre

Sehen wir uns zur Illustration ein Beispiel an. Ich wähle ein Kompetenzfeld, das für eine ganze Reihe von Aufgaben relevant ist: »Kundenorientierung«. Wir werfen zunächst einen Blick darauf, welche Folgen eine Führung mit dem standardisierenden Werkzeugkasten nach sich zieht. Wer diesen noch nicht abgewählt hat (was nach der Lektüre dieses Buches natürlich fast unmöglich ist), der wird das Ausmaß der Kundenorientierung seiner Leute möglichst exakt messen wollen. Dafür definiert er viele Kennzahlen, um das Bewertungssystem »wasserdicht« zu machen. Nachfolgend ein kleiner Auszug aus dem Potpourri realer Leistungskennzahlen, die mir in meiner Beratungsarbeit allesamt zur vermeintlichen Messung von »Kundenorientierung« begegnet sind (und jeweils keine Einzelfälle darstellen). Es wird gemessen:

- Die Anzahl der Kundentermine pro Zeiteinheit – In der Folge bleibt der Aufbau von Kunden*beziehungen*, die das Fundament für stabile Geschäftsbeziehungen in unsicheren Zeiten bilden, aus. Das kostet einfach zu viel Zeit. Stattdessen wird der nächste oberflächliche Termin abgehakt. Kennzahl und – in vielen Fällen – Bonus rufen.
- Die Anzahl der Tage außerhalb des Büros – Auch diese Kennzahl kann sich eines erstaunlichen Verbreitungsgrades rühmen. Sie ist ebenfalls schon deswegen nicht zielführend, weil sie *input*orientiert ist. Was leistet derjenige, wenn er außerhalb des Büros ist? Achtzehn Löcher Golf? Oder er hängt sich voll rein – zum Beispiel in eine Hängematte.
- Die Anzahl der neuen Vertragsabschlüsse – Ein reales Beispiel: Der Kunde will den Großauftrag vergeben. Darauf der Außendienstler: »Können wir nicht lieber in fünf kleinere Aufträge stückeln?« Der Kunde wundert

sich und nimmt sogar den höheren Verwaltungsaufwand in Kauf. Zu dumm nur, dass die Geschäftsbeziehung nach dem ersten kleineren Auftrag aufgrund veränderter wirtschaftlicher Rahmenbedingungen beendet wird.

- Die Zufriedenheit des Kunden – Erinnern Sie sich noch an Projektleiter Mertesacker aus Teil A des Buches? Werkzeugkasten-Technokraten sind nicht im *persönlichen Dialog* mit ihren Kunden, sondern entwerfen komplizierte Fragebögen, Antwortskalen und Auswertungsraster – da fällt nichts durch; außer Urteilsvermögen. Diese werden anonym verschickt. Es ist kaum zu glauben, aber manche Organisationen vergeben die Analyse der Zufriedenheit der eigenen Kunden an externe Firmen. Deutlicher kann eine Bankrotterklärung wohl kaum ausfallen.

Ich beende die Aufzählung hier, weil es mich schon beim Schreiben gruselt. Die wirkliche Leistung, der tatsächliche *individuelle Beitrag* bleibt in dieser Praxis völlig unterbelichtet. Hinzu kommen natürlich noch die üblichen Messungen von Umsatz, Absatz und Marge. Immerhin, solche Kennzahlen sind wenigstens *output*orientiert. Und natürlich brauchen wir eine gewisse Quantifizierung – besser: Konkretisierung – der Geschäftsentwicklung. Das ist selbstverständlich. Aber: Wir brauchen das *Minimum* hiervon.

> Wir brauchen das *Minimum* notwendiger Messungen und Quantifizierungen.

Vor allem: Wir müssen unsere Messungen immer ergänzen um qualitative Einschätzungen und Bewertungen, die nur auf individueller Urteilskraft basieren können. Warum ist das so? Weil die individuellen Leistungen von zehn Menschen, die jeweils genau die gleichen Umsatz- und Margenzahlen erwirtschaftet haben, niemals gleich zu bewerten sind. Der eine führt lediglich ein etabliertes Geschäft mit Stammkunden weiter, der nächste muss den Verlust eines wichtigen Kunden verkraften (den sein Vorgänger sträflich vernachlässigt hatte), der übernächste hat ein ganzes Vertriebsgebiet neu aufzubauen, wieder ein anderer schlägt sich mit aggressiven Preisnachlässen des wichtigsten Konkurrenten herum. Die Liste weiterer möglicher Unterschiede ließe sich leicht verlängern.

> Die Umstände sind nie gleich. Niemals. Damit sind die Messwerte der Werkzeugkasten-Technokraten aussage- und kraftlos.

Übrigens haben sich leider auch die führenden Personalberatungen in den vergangenen Jahren zunehmend als Lieferanten des Normierungs-Werkzeugkastens gezeigt. Mit viel Aufwand wurden komplizierte Kompetenzmodelle entwickelt, die bis zu zwanzig Hauptkompetenzen mit jeweils mehreren Unterkriterien umfassen. Immerhin: Der richtige Ansatz der Orientierung an Kompetenzen ist da; die Umsetzung allerdings mutet grotesk an. Mit einem teilweise zwanghaften Quantifizierungswahn werden individuelle Kompetenzen in Bewertungsschemata und Analysegitter gepresst, damit am Ende gesagt werden kann: »Kandidat Müller bekommt in Bezug auf seine Kundenorientierung eine 3,7 – damit liegt er 22,8 Prozent besser als der Durchschnitt der Vergleichsgruppe.« Wieder zeigt sich: Viele Scheingenauigkeiten werden produziert und das *individuelle Urteilsvermögen* bleibt auf der Strecke.

Damit können wir festhalten: Wenn wir individuelle Kompetenzen bewerten wollen, hilft der normierende Werkzeugkasten nicht nur nicht weiter; er richtet auch hier weitreichenden Schaden an. Wir müssen die gängige Praxis, die wöchentlich neue Messvorhaben und -kategorien produziert, abwählen.

Tektonische Verschiebungen
auf der Kompetenz-Landkarte

Doch damit nicht genug. Etwas Zweites kommt hinzu: Wir müssen, wann immer wir individuelle Kompetenzen suchen und bewerten, die *tektonischen Verschiebungen* erkennen, die die Landkarte der in unseren Breitengraden gefragten individuellen Kompetenzen in den letzten Jahren verändert haben. Früher standen Schnelligkeit, Korrektheit, Zuverlässigkeit, Gehorsam und Effizienz ganz oben auf der Wunschliste gefragter Kompetenzen. »Früher« heißt dabei bis in die letzten zwei Jahrzehnte des vorherigen Jahrhunderts hinein. Seitdem aber bröckeln die Säulen der ehemaligen Kompetenzchampions. Zukünftig werden sie ganz einstürzen. Und mit »zukünftig« meine ich die unmittelbar vor uns liegende Zeit!

Wer sich zukünftig allein auf Kompetenzen wie Schnelligkeit, Korrektheit, Zuverlässigkeit, Gehorsam und Effizienz stützt, wird keinen Blumentopf mehr damit gewinnen.

Warum? Um eine lange Diskussion abzukürzen und auf den wesentlichen Punkt zu bringen: Weil wir in Bratislava, Monterrey, Bangalore, Colombo, Guangdong, Changshu und vielen anderen Flecken auf dieser Erdkugel Hunderte von Millionen Menschen finden, die *ebenfalls* schnell, korrekt, zuverlässig, gehorsam und effizient sind. Nur zu einem *Bruchteil* der Kosten. Und nicht selten paart sich sogar eine gewisse Begeisterung dazu. Lamentieren zwecklos. Und vertrauen Sie nicht auf die lächerlichen Gestaltungsversuche der Politik, die Beschäftigung mit rentablen Arbeitsplätzen verwechselt und klare Orientierung auf dem Altar der Wahltermine und Wählerstimmen opfert.

> Was dagegen heute und zukünftig gefordert ist: das Besondere, Überraschende, Kreative, Eigeninitiative und Hingabe. Das Unverwechselbare, Aus-der-Reihe-Tanzende und Mutige.

Wir brauchen mehr denn je Menschen, die in diesen Kategorien einen Unterschied machen. Damit plädiere ich natürlich nicht für Unzuverlässigkeit, Langsamkeit und Ineffizienz. Nur reichen die »alten« Kompetenzfelder eben nicht mehr allein aus.

Wem das zu pointiert erscheint, der sollte sich sehr schnell sehr warm anziehen. Ich erinnere mich, während ich diese Zeilen schreibe, an meine Zeit als Partner und Geschäftsführer in einem der großen, internationalen Beratungshäuser. Selbst in dieser Hochleistungsumgebung, in der es von bestens ausgebildeten Wissensarbeitern nur so wimmelte, taten wir uns in der ersten Hälfte der neunzehnhundertneunziger Jahre schwer damit, dass einfache Arbeiten nach Indien ausgelagert wurden. Es handelte sich vor allem um das Erstellen von Präsentationen nach handschriftlichen Vorlagen und die Überarbeitung längerer Texte; Arbeiten, die eben genau dies erforderten: Fleiß, Schnelligkeit, Korrektheit und Zuverlässigkeit. Es gab vereinzelte Widerstände, aber natürlich war der Zug nicht aufzuhalten.

Mir wurde klar, dass dies erst der Anfang sein würde. So kam es dann auch. Schon in der zweiten Hälfte der neunziger Jahre wurden unter anderem nahezu die gesamte EDV-Unterstützung sowie die Gehaltsabrechnung von Indien aus erledigt. Sprachprobleme? Null. Sonstige spürbare Veränderungen aus Sicht der Berater, also der Kunden, die ihre Alltagsprobleme mit Laptop und Co. gelöst bekommen wollten? Kaum; außer der Tatsache, dass der EDV-Service mit einer zuvor nie erlebten Freundlichkeit erledigt wurde. Natürlich waren Kostenüberlegungen der wesentliche Treiber dieser Entwicklungen. Doch damit nicht genug. Wiederum nur wenige Jahre später wurde die Bearbeitung der kompliziertesten finanzmathematischen Modelle ebenfalls nach Indien verlagert. Nun nicht mehr wegen der Kosten, sondern weil die notwendigen Kenntnisse in Deutschland oder der europäischen Organisation nicht zu finden waren!

Die Auswahlpraxis ist jedoch, wenn eine Orientierung an Kompetenzen überhaupt erkennbar ist, immer noch weitestgehend auf die Kompetenzen der Vergangenheit gerichtet. Es wird analysiert, wie kostengünstig Kunden betreut werden (Effizienz). Es wird gefragt, ob Kundenprojekte in der geplanten Zeit und im vorgesehenen Budget geblieben sind (Zuverlässigkeit). Es wird ermittelt, ob es jemals Kundenbeschwerden gegeben hat (Korrektheit). Und so weiter.

Wie also besser? Wie entdecken Sie das Besondere, das Ungewöhnliche? Natürlich erfordert die Umsetzung dieser anspruchsvollen Aufgabe viel Übung und Erfahrung und geht weit über dieses Buch hinaus. Für den Anfang empfehle ich Ihnen, ungewöhnliche Fragen zu stellen; sie kristallisieren heraus, für wen ungewöhnliche Denkweisen sozusagen Tagesgeschäft sind und wer dagegen vor solchen Fragen kapituliert. Etwa: »Wann haben Sie Ihre Kunden das letzte Mal überrascht?«

Hierzu ein Beispiel aus meiner Beratungsarbeit: Eine mittelständische Bank hatte mich gebeten, die aktuelle Führungskultur zu analysieren und herauszuarbeiten, inwieweit die strategischen Vorhaben des Unternehmens damit unterstützt oder gebremst würden. Nach einem der Workshops kam ein Bereichsleiter – nennen wir ihn Sebastian Sense – auf mich zu: »Kann ich Sie mal außerhalb unseres Projektes etwas fragen, sozusagen zwischen Banker und Kunde?« So spannend die letzten Tage in diesem Unternehmen auch waren, sie waren auch intensiv und anstrengend; ich war ziemlich platt und das Letzte, was ich jetzt noch gebrauchen konnte, war ein Vortrag über kostenlose Girokonten, Bausparverträge und Anlagefonds. Dachte ich. Also erwiderte ich, leicht genervt: »Worum geht's denn?« Dann kam seine Antwort: »Was hielten Sie davon, wenn wir Ihre *fundamen-*

talen Lebensfragen im wirtschaftlichen Bereich auf Augenhöhe diskutierten?« Paff! Das saß. Ich wäre fast vom Stuhl gefallen vor Überraschung; vor positiver Überraschung wohlgemerkt.

Es entwickelte sich schnell ein reiches, vertrauensbasiertes erstes Gespräch. Ich brauche wohl nicht zu erwähnen, dass ich heute Kunde dieser Bank – genauer: dieses ganz besonderen Menschen – bin.

Auf der Heimfahrt ließ ich meine Telefonliste unberührt auf dem Beifahrersitz liegen und dachte stattdessen über diese eine Frage, die Sebastian Sense mir gestellt hatte, nach. An jenem Freitagabend wurden mir die Implikationen dieser ungewöhnlichen Kundensituation klar:

Erstens: Es war tatsächlich diese entwaffnende positive Überraschung, die das Beziehungsfundament wie in Zeitraffer bildete und dafür sorgte, dass wir derart schnell zu einem vertrauensvollen Miteinander finden konnten. Mit den gewöhnlichen Standardroutinen einer Welt, die schon denjenigen Banker, der seinem Kunden eine Geburtstagskarte schickt, von der grauen Masse abhebt, wird das nie gelingen.

Zweitens: Nur die Überraschung allein ist es allerdings auch nicht. Vielmehr hatte Sebastian Sense genau das tatsächlich getan, was zwar die meisten Menschen mit Kundenkontakt vorgeben zu tun, aber die allerwenigsten wirklich verinnerlicht haben: Er hatte sich in *meine* Schuhe gestellt. Nicht: *Ich* verkaufe *dir* bestimmte Produkte (und zwar genau die, bei denen mein Bonus am höchsten ist – der Werkzeugkasten lässt grüßen!), sondern: Was ist eigentlich *dein* Interesse?

Drittens: Hiermit machte mein Banker-Freund Sebastian Sense einen wirklichen Unterschied; das war offensichtlich. Ich fragte mich allerdings immer noch, warum genau er diesen Unterschied machte. Ein besonderes Training? Wohl kaum. Ein MBA-Programm? Noch unwahrscheinlicher. Eine ungewöhnlich wirksame Führungskraft, die ihn geprägt hat? Vielleicht. Als einzige aus meiner Sicht belastbare Annahme bleibt: Es ist seine *innere Einstellung*, die ihn zu solchen Fragen führt. Denn er *will* herausstechen; sich *nicht* einreihen in die Riege der konturlosen Gehaltsempfänger. Und es ist wichtig zu erkennen, dass dieser Anspruch von innen, aus ihm selbst heraus, kommt. Er ist, wie die Fachleute sagen, intrinsisch motiviert. Deswegen kann er übrigens auch auf die vielen Sonntagsreden und Einpeitscherparolen getrost verzichten. Die findet Sense lächerlich. Und den Bonus, der mit jedem Vertragsabschluss steigt, findet er diskriminierend. Schließlich setzt er sich so oder so für das Unternehmen ein. Jeden Tag. Den Normierungs-Werkzeugkasten hat er mental schon lange abgewählt. *Das* sind die Einstellungen und Menschen, die wir in unseren Unternehmen benötigen.

Viertens: Nun bin ich also Kunde dieser kleineren Regionalbank mitten in Westfalen, etwa 300 Kilometer von zu Hause entfernt. Klar, in Zeiten von Internettechnologie und bedeutungslos gewordenen Kommunikationskosten kein Problem, könnte man meinen. Aber ich will auf etwas anderes hinaus: Kein großer Firmenname, keine bekannte Marke, hat mich hier gebunden. Im Gegenteil: Die Marke dieses Unternehmens hätte ich bis zu jenem Tag eher als »grau, langweilig, uninteressant und begrenzt« beschrieben. Das nur als Botschaft an diejenigen, die mental kapituliert haben, weil die Marke ihres Unternehmens nicht die Strahlkraft von Porsche, Google oder Harley Davidson besitzt. Ich wiederhole mich bewusst und gerne: Es ist dieser einzelne Mensch, der den Unterschied gemacht hat – unter schwierigen Bedingungen.

Fünftens: apropos schwierige Bedingungen. Bei Vorträgen zum Thema Kundenbindung erlebe ich in der sich anschließenden Diskussion immer wieder Teilnehmer, die in allen Facetten ausführen, warum der letzte Kundentermin einfach nicht erfolgreich sein konnte. Besonders beliebt auf der Skala billiger Ausreden: Der Kunde sei gerade »wirklich schlecht drauf gewesen«; er sei nach einem ärgerlichen Vortermin gestresst in das Gespräch gekommen, dazu die ständige Zeitnot, und so weiter und so weiter. Mein Freund Sebastian Sense hat diese Immer-sind-die-anderen-schuld-Mentalität, die nichts anderes ist als eine verantwortungslose Opferrolle, abgewählt. Denn als er mich ansprach, hätten die sogenannten Bedingungen schlechter kaum sein können: Ich war hundemüde und wollte mich schnellstmöglich auf den Heimweg machen. Zusätzlich hatte ich während der Mittagspause die Nachricht von einem sehr kurzfristigen Auftrag erhalten, dessen Vorbereitung das anstehende Wochenende zerstören würde. Er hat es dennoch getan. Leute wie Sebastian Sense scheren sich nicht um die Umstände. Sie handeln eigenverantwortlich.

Sechstens: Als sich meine Heimfahrt dem Ende näherte und ich die Elbbrücken überquerte, fragte ich mich schließlich auch, warum mir nicht *ein* Banker dieser Welt bisher diese oder eine ähnliche Frage gestellt hat. Ist doch deren Job. Oder?

d. Einstellungen einstellen

Die TSG 1899 Hoffenheim hat in der Hinrunde der Spielzeit 2008/09 das Establishment der Fußball-Bundesliga durcheinandergewirbelt. Einer der Leistungsträger ist Vedad Ibisevic, der bis zu seiner schweren Verletzung in der Winterpause die Torschützenliste mit weitem Abstand angeführt hatte. Was im Kontext individueller Führung viel bemerkenswerter ist: Als zu Saisonbeginn ein weiterer Stürmer aus dem Senegal zur Mannschaft kam, half Ibisevic ihm, sich schneller zu integrieren – obwohl der Mann aus dem Senegal sein stärkster Konkurrent war![26] Im Vorteil ist, wer solche Persönlichkeiten an Bord hat. So ist es auch in unseren Unternehmen:

> Einstellungen zu Selbstverantwortung und Zusammenarbeit ziehen wirtschaftlichen Erfolg nach sich.

Deshalb ist es so wichtig, nach Einstellungen einzustellen. Besonders wichtig: diejenigen zur Selbstverantwortung. Wir können unseren Top-Leuten getrost zutrauen, dass sie schnell, wo erforderlich, bestimmte Sachkenntnisse vertiefen oder sich auch relativ mühelos in eine fachliche Thematik neu einarbeiten. Anders mit Einstellungen: Diese sind, wie ich ausgeführt habe, bereits relativ früh weitestgehend gefestigt und fix. Die amerikanische Fluggesellschaft *Southwest Airlines* hat dieses Prinzip verinnerlicht. Dort heißt es: »Wir stellen Lebenseinstellungen ein.« Wichtiger als lange Lebensläufe ist bei *Southwest* die Frage, wie wissbegierig jemand ist. Übrigens: Es ist die rentabelste Fluglinie des Landes und wird regelmäßig mit einem Kundenzufriedenheitspreis ausgezeichnet. Der Gründer der Hotelkette *Four Seasons* bestätigt diesen Grundsatz mit bemerkenswerter Klarheit. Er bezieht ihn nicht nur auf Führungsaufgaben, sondern wendet ihn sogar für alle Mitarbeiter an: »Wir schauen nach Einstellungen. Wir wollen Menschen, die andere Menschen mögen und deshalb motiviert sind, ihnen zu dienen. Sachkompetenz können wir ausbilden. Einstellungen sind tief verwurzelt.«[27] Anschauungsmaterial für wirksame Führung. Ein Hotel wie das *Four Seasons* kann sich im Hochpreissegment einzig und allein über einen herausragenden Service behaupten. Sein Management hat offensichtlich erkannt, welch zentrale Bedeutung einer wirksamen Auswahl, die primär auf Einstellungen achtet, dabei zukommt. Wohlgemerkt: für alle Mitarbeiter.

Im Übrigen gilt diese Sichtweise nicht nur für Unternehmen, die sich wie das *Four Seasons* im Hochpreissegment ihrer Branche befinden. *Niemand* kann sich diesem Thema entziehen. Ich denke in diesem Zusammenhang häufig an eine im letzten Winter gemachte private Erfahrung: Gerade zurück aus dem Skiurlaub, wieder angekommen in Hamburg, war unser Kühlschrank genauso leer wie der Magen. Lust zum Kochen? Heute bestimmt nicht. Also schnell zum Italiener um die Ecke für Pasta zum Mitnehmen. Die telefonische Bestellung ist schnell gemacht und schon stehe ich im Restaurant. Dann passiert es: Ich nehme einen ganzen Berg aus Salaten, Carpaccio, Pizza und Pasta entgegen, der Duft der bevorstehenden Gaumenfreuden treibt mein Schritttempo weiter an – und schwupps, an der Ausgangstür rutsche ich aus, der Berg biegt sich nach links, nach rechts und schließlich dekoriert der gesamte Einkauf die Terrakottafliesen im Eingangsbereich. Absolut filmreif. Loriot hätte seine wahre Freude an dieser Szene gehabt. Es vergehen keine drei Sekunden, bis Antonio, einer der Kellner, ausgestattet mit reichlich Putzutensilien an meiner Seite steht. »Kein Problem, beunruhige dich nicht. Hauptsache, deine Schuhe haben nichts abbekommen.« Wie bitte? Ich traue meinen Ohren nicht. Und meinen Augen auch nicht: Denn mit der größten Selbstverständlichkeit fegt und wischt er, bestens gelaunt, alles zusammen und nach und nach kommen die Fliesen im Eingangsbereich wieder zum Vorschein. Servicewüste Deutschland? Nicht hier! Nur für den Fall, dass Sie denken, Antonio würde das unter Freunden tun, weil wir Stammgäste wären: mitnichten. Wir kannten uns damals gar nicht; ich habe dieses Restaurant vielleicht zwei- oder dreimal pro Jahr aufgesucht. Ein weiteres gedankliches »Aber« könnte etwa so lauten: »Na ja, Inhaber verhalten sich manchmal so; es geht ja schließlich um ihren eigenen Laden.« Wieder Fehlanzeige. Antonio ist lediglich ein einfacher Kellner, der dort seinen Lebensunterhalt verdient.

Es stellen sich zwei wesentliche Fragen. Erstens: *Warum macht er das?* Weil er gerade nichts Besseres zu tun hat? Wohl kaum, der Laden ist brechend voll. Weil er im Seminar oder im MBA-Kurs gehört hat, wie wichtig Service und Kundenorientierung sind? Oder weil der Putzlappen dringend mal wieder Bewegung braucht? Es gibt nur eine Antwort: weil seine ganz individuelle, *innere Einstellung* ihn leitet. Ohne jeden Zweifel und ohne auch nur eine Sekunde zu zögern. Seine innere Einstellung ist sein untrüglicher Kompass. Zweitens: *Was behalte ich als Kunde in Erinnerung?* Die Designermöbel? Die Größe der Pizza und deren Preise? Oder die flott überarbeitete Außendarstellung, die eine Hamburger Kommunikationsagentur drei Monate beschäftigt hat? Wieder gibt es nur eine Antwort: Es ist diese von innen kommende Haltung: »Es ist schön, dass du bei uns bist. Ich möchte, dass mein Service dazu beiträgt, dass es dir gut geht.« Wohlgemerkt: Es ist eine dauerhafte Haltung; kein kurzfristiges Verhalten. Diese Einstellung besteht auch nicht nur am Freitagabend, wenn der Umsatz besonders hoch ist, sondern 7 Tage die Woche, 24 Stunden am Tag. Sie ist da oder eben nicht. Es sind genau solche Menschen, die den Unterschied machen. Hier liegt der wirksamste, häufig sogar der einzig überhaupt mögliche, Hebel zur Differenzierung im Wettbewerb. Sie ahnen schon, dass ich heute tatsächlich Stammgast bei diesem Italiener bin.

Stellen Sie Einstellungen ein! *Einstellungen* machen den Unterschied im härter werdenden Wettbewerb.

Wie aber innere Einstellungen erkennen? Eine anspruchsvolle Aufgabe, die viel Erfahrung erfordert. Aber sie ist lösbar: mit einem Blick auf prägende Erfahrungen in der Vergangenheit. Wir müssen diese sogenannten *critical incidents* (wörtlich etwa: »entscheidende Vorfälle«) analysieren. Hiermit sind prägende Erfahrungen gemeint, die wir im Verlauf unserer beruflichen Entwicklung gemacht haben. [28)] Sie sind für sich genommen und isoliert betrachtet eher nicht von größerer Bedeutung. Wenn man sie jedoch über die Zeit betrachtet, ergeben sich Grundmuster dessen, was gemeinhin als Persönlichkeit oder Charakter bezeichnet wird. Man braucht Erfahrung, um sie zu erkennen, aber sie sind der sicherste Weg zu inneren Einstellungen. Wer an professioneller Auswahl interessiert ist und seine Erfolgsquote bei dieser wichtigsten Führungsaufgabe verbessern will, kommt an diesem Thema nicht vorbei.

e. Die besten Talente gewinnen

Ich habe im Kapitel über Anreizinstrumente angedeutet, dass die besten Talente nicht *wirklich* an besonders fetten Aktienpaketen und dicken Firmenwagen interessiert sind. »Eine Organisation mit Top-Talenten ist nicht eine Ansammlung arroganter Schnösel mit Mega-IQ, die dicke Gehälter beziehen, sondern eine Gruppe von Leuten, die leidenschaftlich an einem gemeinsamen Ziel arbeiten, über einen wachen Verstand und die richtige Einstellung verfügen, auch wenn sie ansonsten völlig unterschiedlich sein mögen.«[29] Dennoch wedeln immer noch inakzeptabel viele Unternehmen mit genau solchen finanziellen Karotten. Sie verkennen, wie kurz deren Haltbarkeit ist. Andere Unternehmen winken mit hohen Unternehmensgewinnen und steilen Wachstumskurven in der Vergangenheit. Die Botschaft lautet: »Hier ist dein Arbeitsplatz auch in 3 Jahren noch sicher.« Mit Verlaub, das interessiert die besten Talente am allerwenigsten. Sicher ist nur, dass solche Unternehmen niemals die Besten anziehen werden. Dafür: Mittelmaß statt des Besonderen, des Kreativen, des Überraschenden. Mit Sicherheit.

> Wer mit Sicherheit wirbt, bekommt auch sicherheitsorientierten Durchschnitt, der nicht weiter auffällt.

Wem gar nichts mehr einfällt, der produziert bunte Hochglanzbroschüren und posaunt darin ständig aus, dass die eigenen Leute *das* zentrale *Asset* und *die* wichtigste *Ressource* seien. Ich muss es Ihnen, ohne Umschweife und schnörkellos, sagen: Sparen Sie sich das Papier. *Erstens* sind diese Floskeln derart verbraucht, dass Sie damit niemanden mehr hinter dem Ofen hervorlocken können. Schon gar nicht die Top-Leute. Die sind *zweitens* äußerst skeptisch bezüglich einer solchen Ankündigungsrhetorik, die glühende Verheißungen verspricht und vor allem viel heiße Luft produziert. Recht haben sie. Denn sie wissen bereits, was sich manchen sogenannten Führungskräften vielleicht nie erschließen wird:

> Vertrauen entsteht aus Handlungen, nicht aus Worten.

Meine Beobachtung, die sich über viele Jahre verfestigt hat, ist in diesem Zusammenhang: Wer besonders viel über Vertrauen und die Bedeutung der eigenen Leute redet, der hat es auch nötig, weil seine Handlungen eine andere Sprache sprechen. Den besonders Wachen fällt *drittens* die interessante Wortwahl auf: Assets werden in der Bilanz aktiviert und über die Jahre hinweg *abgeschrieben*. Und Ressourcen werden *verbraucht*.

Was also zieht die besten Talente stattdessen an? Ich konzentriere meine Antwort auf zwei Wörter: Freiheit und Sinn. Und mit der Spürnase eines Trüffelschweins finden sie auch die Unternehmen, die genau das bieten. Was zu erläutern ist.

Zunächst zur *Freiheit*. Was die besten Talente anzieht, sind Freiräume in Form von Handlungs- und Gestaltungsmöglichkeiten. Das erfordert zum einen gewissermaßen die Abstinenz des gleichschaltenden Führungs-Werkzeugkastens. Wieder sehen wir, wie erfolgskritisch der vorgeschlagene Paradigmenwechsel in der Führung tatsächlich ist. Darüber hinaus erfordert es vor allem eines: Wahlmöglichkeiten. Da Sie Wahlmöglichkeiten in Ihrer täglichen Führungsarbeit schaffen können, werde ich diesen Aspekt im Kapitel über individuelle Begleitung, das in besonderem Maße auf die tägliche Führungsarbeit abzielt, ausführlich behandeln. Nur so viel schon an dieser Stelle: Wer die Forderung nach Gestaltungsmöglichkeiten und -freiheiten wirklich ernst nimmt, kann im Wettbewerb um die besten Köpfe selbst dann punkten, wenn der monatliche Gehaltsscheck deutlich geringer ausfällt und die eigene Marke nicht so schrill glitzert wie bei der Konkurrenz. IKEA ist so ein Beispiel. Die Gehälter: bekanntermaßen mäßig. Die Produkte: Na ja, das Billy-Regal haben wir alle schon einmal aufgebaut ... Die Standorte: Industriegebiete. Die Büros: winzig. Dennoch ist IKEA bei den beliebtesten Arbeitgebern in Deutschland nicht nur vertreten, sondern landet auf einem beachtlichen zwölften Platz – und lässt damit namhafte Banken, Beratungen und Konsumgüterriesen weit hinter sich. [30)] Der wesentliche Grund sind schnelle

Aufstiegs- und damit Gestaltungsmöglichkeiten, unabhängig davon, wer wie viele Jahre seinen Bürostuhl durchgesessen hat.

Damit zum *Sinn*. Ich beobachte rechts und links der Firmenflure generell eine immer stärker werdende Sinn-Suche. Was sich bereits generell abzeichnet, gilt in besonderem Maße für die besten Talente. Für sie ist die Frage nach dem Sinn ihres Schaffens existenziell. Im Vorteil sind also diejenigen Führungskräfte und Unternehmen, die Möglichkeiten hierzu bieten können.[31] Die meisten sind jedoch nicht einmal in der Lage, einen Dialog über dieses Thema zu führen. Unter anderem übrigens, weil sie sich selbst noch nie die Frage nach dem Sinn gestellt haben. Sie werden anfangen, irgendein wirres Zeug zu stammeln und in exakt dieser Sekunde hat ihr Gegenüber das Unternehmen mental bereits abgewählt. Wer Sinn sucht, fragt nach dem »Wozu«. *Wozu* ist das Unternehmen da? *Wozu* werden seine Produkte und Dienstleistungen gebraucht? *Wozu* werde ich beitragen? Das *Wozu* steht für die besten Köpfe deutlich im Vordergrund; viel mehr als das *Was* – sehr zur Verwunderung mancher Gesprächspartner. Am wenigsten interessiert die Top-Leute übrigens, *wie viel* Arbeitslast auf sie zukommt. Und wenn, dann nur, um sicherzustellen, dass andere Lebensbereiche außerhalb des Jobs nicht gänzlich verkümmern.

Sinn ergibt sich nicht aus Budgets, Anordnungen, Handbüchern oder irgendeinem Fach des Werkzeugkastens. Nur gut, dass wir ihn abgewählt haben. Sagte ich das schon? Sinn ergibt sich genauso wenig aus astronomischen Renditezielen und bunten Umsatzsteigerungsdiagrammen und -kurven.

Wie also besser? Wodurch können wir Sinn erzeugen? Geht das überhaupt? Wer sich ernsthaft mit dieser Frage auseinandersetzt, kommt um den österreichischen Neurologen Viktor Frankl nicht herum. Seine Arbeiten zur Sinn-Frage sind herausragend und wegweisend. Sie stellen das Hurra-Geschrei der vielen Motivations-Einpeitscher in den Schatten der Bedeutungslosigkeit und Lächerlichkeit. Bedauerlicherweise kennen die meisten Manager Frankl gar nicht. [32)] Hier also die Essenz: Viktor Frankl erläutert auf beeindruckende Art und Weise, dass der Mensch letztlich eben nach Sinn strebt – nicht nach Macht, Geld oder Anerkennung. Natürlich tun viele Manager vordergründig eher Letzteres, aber in der Regel sind Unzufriedenheit und Resignation, in manchen Fällen Depression, die sich früher oder später einstellenden Folgen. Wer dagegen das *wozu* beantwortet hat, kann manch anderes ertragen. Die aus meiner Sicht wichtigste Erkenntnis Frankls: »Sinn kann nicht gegeben ... werden. Sinn muss gefunden, kann aber nicht erzeugt werden.« [33)] Dies ist eine klare Absage an all die selbsternannten und zeitgeistkonformen Sinn-Macher, Sinn-Geber und Sinn-Stifter. Alles, was Führungskräfte tun können – und allerdings auch tun müssen – besteht darin, *Voraussetzungen* dafür zu schaffen, dass jeder Einzelne seinen Sinn in der Organisation und in seiner Aufgabe finden kann. Im Zentrum dieser Voraussetzungen steht für mich, den *individuellen Beitrag* jedes Einzelnen zum Gesamten, zur Unternehmensleistung insgesamt zu verdeutlichen.

f. Fazit: Die Auswahlpraxis auf den Kopf stellen

Der Zustand der gängigen Auswahlpraxis ist nicht mittelmäßig – er ist jämmerlich. Wer diese wichtigste Führungsaufgabe nicht nachhaltig professionalisiert, wird im Wettbewerb steinige Wege vor sich haben. Ich habe daher in diesem ersten Kapitel meines Ansatzes der Individuellen Führung Prinzipien vorgeschlagen, die die Leitplanken für eine gute und richtige Auswahlpraxis darstellen:

- Um zukünftig weniger anfällig gegen große Krisen zu werden, benötigen wir mehr denn je Menschen mit wachem Geist und *innerer Unabhängigkeit*. Mitläufer, Weggucker und Ja-Sager müssen wir aussortieren.
- Achten Sie auf tatsächlich bisher erzielte Ergebnisse und *individuelle Beiträge* und überlassen Sie das volu-

minöse Geschwafel über Potenziale Ihren Wettbewerbern. Analysieren Sie dabei den jeweiligen Kontext so gründlich wie möglich.

- Konzentrieren Sie sich auf *Einstellungen*; insbesondere zur Selbstverantwortung.
- Forschen Sie nach *individuellen Stärken* und gleichen Sie die Aufgaben, die in Ihrem Verantwortungsbereich für die nächste überschaubare Zeit zu erledigen sind, bestmöglich hiermit ab.
- Niemand erbringt ständig Spitzenleistungen. Und wir alle verfügen nur über eine sehr begrenzte Anzahl individueller Stärken. Kehren Sie daher in Bezug auf die Anforderungen zu *praktischem Realismus* zurück. Manchmal ist es ganz leicht, sich vom Wettbewerb positiv abzuheben.
- Helfen Sie mit, das teamgeistgetränkte Harmoniegerede zu entlarven. Worauf es ankommt, ist die *freiwillige Zusammenarbeit* zwischen Partnern auf Augenhöhe.
- Schließlich: Entscheiden Sie sich im Zweifel *gegen* den Kandidaten.

Um Ihre Auswahlentscheidungen auf Basis dieser Prinzipien mit Leben zu füllen, müssen Sie zuvorderst die Frage beantworten, welche kritischen Voraussetzungen und Erfordernisse die jeweilige Aufgabe mit sich bringt und welche Kompetenzen daher erforderlich sind. Aber Vorsicht – bedenken Sie die geradezu tektonischen Verschiebungen, die wir schon heute und noch stärker in unmittelbarer Zukunft auf der internationalen Kompetenz-Landkarte erleben. Mit Fähigkeiten wie Zuverlässigkeit, Exaktheit, Schnelligkeit, Gehorsam und Effizienz allein werden wir in unseren Breitengraden zukünftig keinen Blumentopf mehr gewinnen. Worauf es zunehmend und zusätzlich ankommen wird, ist das Besondere, Überraschende, Kreative, Eigeninitiative und Hingabe. Das Unverwechselbare, Aus-der-Reihe-Tanzende und Mutige. Wir brauchen mehr denn je Menschen, die in diesen Kategorien einen

Unterschied machen. Wer diese besten Köpfe wirklich haben will, der sollte ihnen erstens weitestmögliche Handlungs- und Gestaltungsfreiheiten einräumen und zweitens Fragen nach dem Sinn beantworten können.

17 Vgl. Gansch, *Vom Solo zur Sinfonie – Was Unternehmen von Orchestern lernen können*, insbesondere S. 44–46.
18 Vgl. Schumacher,»Radikalkur in der Personalauswahl«, in: *Frankfurter Allgemeine Zeitung* vom 14. August 2006, S. 18.
19 Vgl. auch Kleinmann, *Passen die Werte Ihrer Mitarbeiter zur Organisation?*, S. 52–57.
20 Vgl. auch Malik, *Führen, Leisten, Leben*, S. 15–23.
21 Vgl. Schumacher, *Wenn Du viel erreichen willst, tue wenig – Einfache Führung durch Klarheit, Freiheit und Konsequenz*, S. 185 f.
22 Förster/Kreuz, *Alles, außer gewöhnlich*, S. 168.
23 Sprenger, *Aufstand des Individuums*, S. 139.
24 Vgl. auch Collins, *Der Weg zu den Besten*, S. 77 f.
25 Vgl. Gansch, *Vom Solo zur Sinfonie – Was Unternehmen von Orchestern lernen können*, S. 45.
26 Vgl.»Kampfansage an die Bayern«, in: *Die Welt*, 3. Dezember 2008, S. 26.
27 Sharp, *How to create a great workplace anywhere in the world*, S. 3. Im Originaltext:»We hire for attitude. We want people who like other people and are, therefore, more motivated to serve them. Competence we can teach. Attitude is ingrained.«
28 Vgl. Pelzmann, *Die Critical Incident Methode*, S. 3–21.
29 Förster/Kreuz, *Spuren statt Staub*, S. 47.
30 Vgl. Endres/Schmalholz, *Voll geschäftsfähig – Die beliebtesten Arbeitgeber*, S. 113.
31 Vgl. Hamel, *Mission: Management 2.0*, S. 88. Unter Führung von Management-Professor Gary Hamel hat eine Gruppe von 35 Management-Experten aus Wissenschaft und Wirtschaft einen 25-Punkte-Katalog aufgestellt, der die notwendigen Veränderungen bei den Management-Prinzipien und -praktiken beschreibt. Der allererste Punkt lautet:»Sorgen Sie dafür, dass Manager einem höheren Zweck dienen.«
32 Frankls Buch *Man's Search for Meaning* hatte bereits 1991 eine weltweite Auflage von etwa 9 Millionen erreicht – aus der Führungs- und Management-Diskussion blieb es aber weitgehend ausgeschlossen. Vgl. Malik, *Sinn – wenn die Motivation aufgebraucht ist*, S. 179.
33 Frankl, *Der Mensch auf der Suche nach dem Sinn*, S. 155. Nach Frankl können Menschen Sinn auf drei Wegen finden: im Dienst an einer Sache bzw. Aufgabe, im Dienst an einer Person, oder dadurch, dass ein Schicksalsschlag mit Würde gemeistert wird.

2
Individueller Einsatz – von der Einbahnstraße zur Stärkenorientierung

a. Praxisbericht: die häufigsten Fehler

Auch im zweiten Handlungsfeld individueller Führung gibt es viel zu tun. Der Blick in die Praxis zeigt immer wiederkehrende Fehler. Hier wiederum in summarischer Form die wichtigsten:

Auf Stellen »gepfropft« – Die gängige Einsatzpraxis stellt sich als Einbahnstraße dar: Die Menschen haben sich einseitig anzupassen an eine wie auch immer definierte Stelle. Dieses bereits erwähnte Instrument des Werkzeugkastens wird gehegt und gepflegt, poliert und fortgeschrieben. Somit wird es zum seltenen Zufall, wenn individuelle Talente und Stärken zum Einsatz kommen.

Auch wer den Stellen den Rücken gekehrt hat und richtigerweise über die zu erledigenden Aufgaben spricht, hat damit noch keinen Freifahrtschein dafür, dass seine Leute richtig eingesetzt werden. Während in vielen Branchen zu Recht viel Geld ausgegeben wird, um die jeweiligen Produkte zu gestalten (*product design*), fehlt es meistens am Verständnis dafür, dass die Gestaltung der in einer Organisation oder einem Verantwortungsbereich zu erledigenden Aufgaben (*job design*) genauso wichtig ist. So mangelt es häufig an der *Passgenauigkeit* zwischen individuellem Profil und Aufgabe. Die häufigsten Ausprägungen sind: [34]

- *Die zu große Aufgabe* – Ich bin sehr dafür, den Aufgabenumfang durchaus groß zu gestalten, denn viele

Leinen los. Torsten Schumacher
Copyright © 2009 WILEY-VCH Verlag GmbH & Co. KGaA, Weinheim
ISBN: 978-3-527-50475-6

Menschen akzeptieren tendenziell zu schnell ihre eigenen, selbst gesetzten Leistungsgrenzen. Dennoch gibt es natürlich tatsächlich für jeden ein Limit. Die zu große Aufgabe führt zu Überforderung. Wer wiederholt vergleichbare Fehler macht, zeigt das sicherste Indiz für diese Überforderung.

- *Die zu kleine Aufgabe* – In der Praxis ist der umgekehrte Fall noch häufiger zu beobachten: Unterforderung durch eine zu kleine Aufgabe. Es ist *der* Kardinalfehler in Bezug auf wirksame Aufgabengestaltungen – und einer der wichtigsten Hebel für mehr Produktivität. Es ist nur so, dass es meistens kaum sichtbar wird, wenn die Aufgaben zu klein sind. Das Heer unterforderter Menschen ist zwar bereits mittags mit dem Tagespensum fertig, aber keiner merkt es. Man dümpelt dann irgendwie vor sich hin. Nur die wenigsten machen sich diesen Missstand klar und fordern eine größere Aufgabe ein.

- *Die unmögliche Aufgabe* – Das sicherste Indiz hierfür liegt dann vor, wenn mehrere Menschen innerhalb kurzer Zeit für ein und dieselbe Aufgabe verschlissen werden. Unmögliche Aufgaben entstehen meistens dann, wenn zwei ganz unterschiedliche Aufgaben zu einer zusammengefasst werden. In der Folge stellen sich Frustration und, nicht selten, Zynismus ein.

- *Die Multipersonen-Aufgabe* – Dieser Webfehler liegt immer dann vor, wenn man nie etwas allein – in individueller Verantwortung – zu Ende bringen kann, sondern eine inakzeptabel hohe Anzahl von Personen den Anspruch erhebt mitzureden. Leider erhalten Multipersonen-Aufgaben zusätzlichen Aufwind durch den Modetrend der formalisierten Teamarbeit. Des Weiteren wird dieser Webfehler durch den Fluch der Matrixorganisation sozusagen organisatorisch legitimiert. Hier ist es fast unmöglich, Aufgaben in individueller Verantwortung zu erledigen.

- *Ein bisschen von allem* – Schließlich die vielleicht gefährlichste Fehlentwicklung: Führungskräfte übernehmen derart viele *unterschiedliche* Aufgaben, dass eine Zersplitterung der Kräfte vorprogrammiert ist. Dieser Webfehler ist derart folgenschwer und gleichzeitig so weit verbreitet, dass ich im nächsten Abschnitt näher auf ihn eingehe.

b. Die Von-allem-ein-bisschen-Falle

Wenn Führungskräfte zu viele *unterschiedliche* Aufgaben wahrnehmen, lassen die Indikationen nicht lange auf sich warten: Sie sind zerrissen zwischen zu vielen *unterschiedlichen* Terminen, Aktivitäten, Verpflichtungen (und übrigens auch Zielen – der Werkzeugkasten lässt grüßen). Sie rennen von einem Termin zum nächsten – immer leicht verspätet – und haben irgendwann nicht mehr das Gefühl zu arbeiten, sondern »gearbeitet zu werden«. Kennen Sie das? Dann machen Sie sich bitte schleunigst daran, Ihre Aufgabengestaltung grundlegend zu renovieren. Bei manchen hilft nur noch eine Art Kernsanierung. Bedenken Sie: Wer als Führungskraft in die Von-allem-ein-bisschen-Falle tappt, der handelt wie ein Chirurg, der inmitten der Herzoperation unterbricht, um die Post der letzten Tage zu erledigen. Oder wie ein Dirigent, der inmitten der Sinfonie unterbricht, um die Tourneeplanung der nächsten Monate durchzugehen. Völlig absurde Vorstellungen. Aber Führungsalltag in unseren Unternehmen.

Wer ein bisschen von allem macht, erledigt dann mit mechanischer Sicherheit nichts mehr richtig. Die Konzentration auf einige wenige Schwerpunkte für einen überschaubaren Zeitraum ist generell eine der wichtigsten Anforderungen an wirksame Führungskräfte. Der in meinen Augen wichtigste Management-Vordenker Peter Drucker hat hierzu unmissverständlich klargestellt: »Wenn es einen Schlüssel zu guten Ergebnissen gibt, dann ist es der der Konzentration auf Weniges.« Hier trennt sich übrigens auch die Spreu vom Weizen: Die besten Führungskräfte konzentrieren sich in der Tat auf wenige Schwerpunkte – sie schaffen dies gegen alle Widerstände des sogenannten Tagesgeschäftes, die mir natürlich auch geläufig sind. Konzentriertes Arbeiten ist schwer genug; eine wirksame Aufgabengestaltung muss es erleichtern und nicht noch zusätzlich erschweren.

Als wenn es nicht schon schwer genug wäre, dieser elementar wichtigen Forderung in der Praxis zumindest im Großen und Ganzen zu entsprechen, erhält sie zusätzliches Gegenfeuer durch die selbst ernannten Motivationsapostel und die psychologisierenden Esoterik-Schwafler. Sie bringen im Wesentlichen zwei Einwände gegen die Forderung hervor, sich auf wenige Schwerpunkte zu konzentrieren. Diese unreflektierte Scharlatanerie wird so hartnäckig vorgetragen, dass ich darauf eingehen muss, um sie zu entlarven.

Erstens, sei das Von-allem-ein-bisschen wichtig für die *Motivation*. Mir stehen die Nackenhaare zu Berge, wenn ich so einen Schwachsinn höre. Diese Vorstellung ist nicht nur falsch, sie ist nach meiner Überzeugung hochgradig gefährlich. Denn das dahinterliegende mentale Modell ruft nach ständiger Abwechslung. Was für ein Irrtum! Motivation kommt nicht aus ständiger Abwechslung, sondern aus Ergebnissen. Ich werde diesen elementaren Zusammenhang im Kapitel über individuelle Begleitung mit Beispielen illustrieren. Pointiert gesagt:

> Wer ständige Abwechslung braucht, soll in den Robinson-Club fahren.

Auch ist es übrigens nicht der Zweck von Unternehmen, für ständige Abwechslung zu sorgen. Sie haben nur einen einzigen Zweck: Produkte und Dienstleistungen anzubieten, die am Markt bestmöglich honoriert werden. Das nur nebenbei.

Zweitens sei es zur Förderung der *Kreativität* unserer Leute wichtig, möglichst viele unterschiedliche Aufgaben wahrzunehmen. Auch hier ist das Gegenteil dieser welt- und betriebsfremden Sichtweise richtig. Ich gehe noch einen Schritt weiter: Kreativität setzt sogar eine gewisse Konzentration voraus! Man sieht das übrigens nicht nur in unseren Unternehmen, sondern in allen gesellschaftlichen Bereichen: Die kreativsten Künstler etwa – egal ob Maler, Bildhauer oder Musiker – sind immer hochgradig konzentriert auf ein bestimmtes Werk. Für die Besten ist es geradezu eine Selbstverständlichkeit. Insofern können wir mit diesem Seitenblick für unsere Unternehmen lernen. Und noch etwas: Auch das Bild des kreativen Chaoten, der alles ein bisschen macht, ist schlichtweg falsch. Es ist eine Legende. Ein Blick in die besten Werbeagenturen ist aufschlussreich: Die Hochkreativen arbeiten immer an einer einzigen Kampagne.

Also: lassen wir uns nicht ins Bockshorn jagen. Wer an guten Ergebnissen und wahrnehmbaren individuellen Beiträgen interessiert ist, der muss bezüglich seiner Aufgabengestaltung aus der Von-allem-ein-bisschen-Falle heraus.

c. Prinzipien eines wirksamen Einsatzes

Erstes Prinzip: Verantwortung individualisieren

So wie ich die Forderung nach *innerer Unabhängigkeit* an den Anfang der Prinzipien einer wirksamen individuellen Auswahl gestellt habe, gehört die *Individualisierung von Verantwortung* an den Anfang der Prinzipien zum individuellen Einsatz. Wenn uns die jüngste Finanz- und Wirtschaftskrise – hoffentlich – eines gelehrt hat, dann dieses: Es kann nicht sein, dass Gewinne, Chancen und Marktmöglichkeiten zwar individualisiert werden, die *Verantwortung* für die Risiken und Folgen der eigenen Handlungen aber wie selbstverständlich auf die Allgemeinheit übertragen, also sozialisiert wird.

Insofern ist die Krise in Wahrheit keine Finanz-, sondern eine Systemkrise. Deshalb gilt:

Die Wiedereinführung individueller Verantwortung ist das wichtigste Veränderungsprogramm der nächsten Jahre.

Diese Forderung erhält empirischen Rückenwind: Das Institut für Demoskopie Allensbach erhebt in regelmäßigen Abständen die Einstellungen gegenüber Führungseliten in der Wirtschaft. Wer hier einen *pauschalen* Ansehensverlust erwartet, wird überrascht durch ein durchaus differenziertes Meinungsbild. So halten etwa zwei Drittel der Befragten die deutschen Manager für willensstark und ihre Aufgaben für bedeutend. Immerhin noch die Hälfte ist der Meinung, dass deutsche Führungskräfte hart arbeiten und auch einen Blick für Chancen und Entwicklungen haben. Beim Thema Verantwortung jedoch rauschen die Werte in den Keller: Nur 25 Prozent halten die Unternehmenselite für verantwortungsbewusst und nur noch 12 Prozent glauben, dass eigene Interessen hinter denen des Unternehmens zurückstehen.[35] Alarmierende Befunde.

Allerdings müssen wir in diesem Zusammenhang erkennen, dass Verantwortung nicht geschaffen, delegiert oder übertragen werden kann. Alles was wir in unseren Unternehmen bzw. den einzelnen Verantwortungsbereichen tun können – dann aber auch mit aller Entschlossenheit tun müssen – ist dies: den Einzelnen in die Verantwortung *lassen*; die Voraussetzungen dafür schaffen, dass sich individuelle Verantwortung ungestört entfalten kann. In Bezug auf die Gestaltung des individuellen Einsatzes: Aufgaben, Entscheidungsbefugnisse, Handlungsspielräume konkret auf den Einzelnen beziehen und nicht summarisch-abstrakt im Nebel der gesamtorganisatorischen Unverbindlichkeit lassen. Dann der entscheidende Schritt: Der Einzelne entscheidet sich; er trifft eine bewusste Wahl, ob er individuelle Verantwortung wirklich will, ob er sie sucht und ob er sie dann auch tatsächlich übernimmt. Es sind genau diese Leute, die den Unterschied machen. Und sie sind leicht zu erkennen: Es sind diejenigen Manager, die sich niemals über »die Umstände« beklagen oder »die erbarmungslosen Märkte« für die Probleme des eigenen Unternehmens verantwortlich machen würden. Stattdessen übernehmen sie individuelle Verantwortung für ihre Entscheidungen. Sie wissen, dass jede *Entscheidung* immer auch Ab- und Ausgrenzung bedeutet. »Entscheidung« – in englischer Sprache »decision« – kommt vom lateinischen »caedere«, was »abschneiden« bedeutet. Diesen herausragenden Führungskräften ist klar, dass alles mit Verzicht verbunden ist; deshalb halten sie den *idealen* Arbeitsplatz, das *ideale* Unternehmen, den *idealen* Mitarbeiter auch richtigerweise für eine Illusion. Da sie für die Konsequenzen ihrer Entscheidungen einstehen, korrigieren sie auch Fehlentscheidungen, bevor größerer Schaden entsteht.

> Das Leitprinzip des wirksamen Einsatzes: Individuelle Verantwortung muss erleichtert werden.

Etwas Weiteres kommt hinzu: Ich habe immer wieder beobachten können, dass diejenigen, die individuelle Verantwortung für ihre Entscheidungen übernehmen, das Gleiche auch für die *Kommunikation* tun. Sie sorgen dafür, dass jeder Einzelne über die wichtigsten Veränderungen und Vorhaben informiert wird. Und zwar so zeitnah wie möglich. Und sie erledigen diese Führungsaufgabe so weitgehend wie irgend möglich selbst: in persönlicher Kommunikation, mit einer Sprache, die schnörkellos, direkt, zum Punkt, anfassbar und verständlich ist – und nicht technokratisch-abstrakt. Sie überlassen diese Aufgabe nicht der Kommunikationsabteilung, den Computerspezialisten (was noch schlimmer wäre) oder gar der externen PR-Agentur (was einer Bankrotterklärung gleichkommt).

Zweites Prinzip: Teams entglorifizieren

Von der Wiedereinführung individueller Verantwortung ist es nur ein winziger Schritt bis zum zweiten Prinzip: Ich plädiere in Bezug auf die Gestaltung eines professionellen, wirkungsvollen Einsatzes dringend dafür, Teams zu entglorifizieren. In den Prinzipien richtiger und guter Auswahl habe ich bereits formalisierte Teams unterschieden von freiwilliger *Zusammenarbeit*. Hier kommt nun der zweite Schritt: Minimieren Sie Ihre Teams – und zwar sowohl in der Anzahl wie auch in ihrer Größe! Ich schlage vor, diese Forderung in drei Schritten in die Praxis umzusetzen. *Erstens:* Definieren Sie die Aufgaben, für deren wirksame Erledigung der Einsatz von Teams unabdingbar ist. Gehen Sie dabei so restriktiv wie möglich vor und geben Sie den Einsatz-Alternativen grundsätzlich Vorrang: der Aufgabenerledigung durch einzelne Personen und dem eher lockeren, nichtformalisierten Verbund der freiwilligen Zusammenarbeit. *Zweitens:* Entscheiden Sie, welche Person das Team führt. Für diese wichtige Auswahlentscheidung finden die genannten Prinzipien guter und richtiger individueller Auswahl Anwendung. Es ist erschreckend, wie fahrlässig bis dilettantisch Teamleiter in der Praxis immer wieder ausgewählt werden. *Drittens:* Kehren Sie den gängigen Mechanismus der Team-Zusammensetzung um: weg von falsch verstandenen Rücksichtnahmen, die zu Aufblähung und inakzeptablen Gruppengrößen führen, hin zur Leitfrage individueller Beiträge. Ausgehend von einer Teamgröße von nur zwei oder drei Personen: Wer muss unabdingbar noch dazukommen, weil ansonsten der Erfolg gefährdet würde und wer kann die noch bestehende Lücke durch seine zu erwartenden individuellen Beiträge bestmöglich schließen?

Drittes Prinzip: Aufgaben statt Stellen

Die Bezugsgrößen eines wirksamen individuellen Einsatzes sind nicht die Stellen aus dem Normierungs-Werkzeugkasten, sondern die wesentlichen, größeren Aufgaben der nächsten Zeit (was die Angelsachsen *assignments* nennen). Schon die Begrifflichkeit ist – in guter deutscher Bürokratiedenke – vielsagend: Stellen sind statisch, starr, langweilig, verstaubt. Der Bezug zu den vorhandenen Aufgaben dagegen ist dynamisch, flexibel, situationsbezogen und spezifisch. Aufgaben passen sich an die wesentlichen organisatorischen Entwicklungen und Veränderungen an – Stellen nicht. Fast überflüssig zu erwähnen, dass zu den Stellen die Stellenbeschreibungen gehören, die wir im ersten Teil als Fach des Werkzeugkastens abgewählt haben.

Viertes Prinzip: Aufgaben und Stärken abgleichen

Wenn die Aufgabengestaltung ohne die oben skizzierten Webfehler erfolgt ist, kommt ein weiterer, entscheidender Schritt: Die zu erledigenden Aufgaben müssen abgeglichen werden mit den vorhandenen individuellen Stärken. Wir haben die Orientierung an individuellen Stärken ja schon als Prinzip guter und richtiger Auswahl kennengelernt; jetzt findet es weitere Anwendung auf dem Gebiet des individuellen Einsatzes. Die eigentliche Führungs- und Gestaltungsaufgabe besteht nun darin, die in der Organisation – oder im jeweiligen Verantwortungsbereich – vorhandenen und zukünftigen *Aufgaben* mit den vorhandenen *individuellen Stärken* bestmöglich zur Deckung zu bringen, statt zu erwarten, dass sich die Kandidaten *einseitig* an das Unternehmen anzupassen haben. Diese Einbahnstraße führt definitiv in die Sackgasse.

Ein typischer Einwand begegnet mir in diesem Zusammenhang immer wieder: »Niemand wird das, was zu tun ist, vollständig mit den Stärken der Leute abdecken können. Das ist Wunschdenken. Die Praxis ist anders.« Natürlich kenne ich die Praxis. Ich kenne sie aus vielen Dutzend Organisationen durch die intensive Zusammenarbeit mit Hunderten unterschiedlichster Führungskräfte. Und genau deswegen vertrete ich den Ansatz, Aufgaben und Stärken abzugleichen – und zwar in beide Richtungen. Und natürlich ist eine hundertprozentige Deckungsgleichheit nicht nur Wunschdenken; sie ist geradezu unmöglich. Aber: Dies ändert nicht die Logik und Wirksamkeit des Ansatzes. Es geht darum, vorhandene Aufgaben und vorhandene individuelle Stärken eben *so weit wie möglich* zur Deckung zu bringen. Je weiter, desto besser.

Fünftes Prinzip: Schnittstellen minimieren

Wer den individuellen Einsatz als Führungsaufgabe professionalisieren will, muss für die Gestaltung der wahrzunehmenden Aufgaben noch eine weitere Anforderung – neben dem Vermeiden der typischen Webfehler und dem Abgleich mit individuellen Stärken – berücksichtigen.

> Wir müssen die Aufgaben so gestalten, dass organisatorische Schnittstellen *minimiert* werden.

Diese Forderung steht allerdings dem zeitgeistkonformen Gerede über schnittstellenübergreifendes Arbeiten diametral entgegen. Überall, in Führungsschriften, auf den einschlägigen Konferenzen und in Führungskräftetrainings, wird das schnittstellenübergreifende Arbeiten zur Anforderung des Jahrhunderts hochstilisiert. Was an der Sache vorbeigeht, wird jedoch nicht richtiger dadurch, dass jeder jedem nachplappert. Wir sollten endlich erkennen, dass jede Schnittstelle – und ich meine *jede* – Reibungs- und Informationsverluste mit sich bringt. Keinem realitätsbezogenen Praktiker braucht man das zu erläutern. Statt das Unmögliche zu fordern, sollten wir uns lieber mit den *Ursachen* der Situation beschäftigen. Warum haben wir denn so viele Schnittstellen? Natürlich ist es richtig, dass Leistungserstellungsprozesse komplexer werden und dies tendenziell mehr Schnittstellen erfordert – um die beliebteste »Wir-können-ja-nix-dafür-Antwort« gleich selbst zu geben. Aber eine der wichtigsten Triebfedern für die wahre Explosion von Schnittstellen ist hausgemacht: Es sind zu kleine Aufgaben! Deswegen müssen wir die zu erledigenden Aufgaben eher groß zuschneiden und mit einer vernünftigen Aufgabengestaltung dazu beitragen, dass Schnittstellen minimiert werden.

Sechstes Prinzip: die besten Leute auf Chancen setzen

Es gibt kaum Organisationen, in denen nicht darüber geklagt wird, dass die Führungsdecke der Leistungsträger und Top-Talente eher dünn ist. Überall ist dieser Engpass zu beobachten. Damit stellt sich unmittelbar die Frage, für welche Aufgaben die besten Leute eingesetzt werden. Typischerweise werden sie auf die *Problemfälle* angesetzt: ein stockendes Restrukturierungsprojekt hier, eine festgefahrene Verhandlung dort. Ich plädiere dafür, diesen Mechanismus zu verändern und die Top-Talente der Organisation eher für die *Chancen* – neue Märkte, innovative Entwicklungen der Produkte oder Dienstleistungen, zusätzliche Kunden, um nur einige zu nennen – als die Probleme einzusetzen.

Siebtes Prinzip: Probezeit nicht verschenken

Schließlich noch ein Blick auf eine besondere Einsatzform: die Probezeit. Obwohl der Betrachtungszeitraum hier mit meistens sechs Monaten eher kurz ist, hebe ich das Thema bewusst auf die Ebene der übergreifenden Einsatz-Prinzipien. Ich tue das, weil in diesen sechs Monaten unglaublich viel Führungs-Porzellan zerstört wird. Das Vehikel der Probezeit kommt leider etwas verstaubt und bieder daher; dabei ist es hochgradig wirkungsvoll – wenn es denn nur halbwegs professionell genutzt würde. Ich beobachte allerdings eher das Gegenteil: In inakzeptabel vielen Fällen werden Neueinsteiger sträflich vernachlässigt. Dabei ist die Probezeit der Neueinsteiger der einzige Fall, der eine derart intensive Widmung rechtfertigt, die man dann meinetwegen auch Fürsorge nennen kann. Die Neuen brauchen in der Tat Orientierung und schlichtweg überdurchschnittlich viel Zeit, die andere ihnen widmen.

Aber gerade dort, wo eine gewisse Fürsorge zu rechtfertigen wäre, findet sie nicht einmal in Ansätzen statt. Dann gibt es diejenigen, die sich zwar mit den Neueinsteigern beschäftigen, aber die Probezeit in guter Technokraten-Manier als Normierungs-Werkzeug missbrauchen: Sie erstellen – dem Paradigma der Effizienz folgend – lange Einsatzlisten und detaillierte Aktionspläne. Alles wird minutiös festgehalten. Was auch hier auf der Strecke bleibt, sind persönlicher Dialog und individuelle Urteilskraft.

Wer dagegen meinem Ansatz der individuellen Führung folgt, hat *wirkliches Interesse* am Gegenüber. Er möchte den Menschen, der neu in die Organisation gekommen ist, kennen lernen. Deswegen verbringt er relativ viel Zeit mit ihm; eine zweistündige Begegnung jede Woche ist ein guter Orientierungswert. Denn er will auch die Sichtweisen des anderen kennenlernen: Wie sieht jemand, der noch nicht betriebsblind sein kann, das Unternehmen, die einzelnen Verantwortungsbereiche, das Zusammenspiel der einzelnen handelnden Personen? Deswegen fragt er auch nicht: »Na, Meyerdierks, haben Sie sich schon gut eingelebt?« (Was in Wahrheit bedeutet: »Na, haben Sie sich schon gut an unsere Routinen und Regelwerke angepasst?«) Stattdessen fragt er: »Na, Meyerdierks, was wundert Sie bei uns? Was können wir lernen von den Erfahrungen, die Sie andernorts gemacht haben?« Unrealistisch? Nein, nur ungewöhnlich und selten.

Weil gute Führung selten ist. Wer das nicht sinngemäß fragt, verschenkt Informationen und Sichtweisen, die sich als äußerst wertvoll herausstellen können.

d. Stärken stärken

Ich habe bei der Entlarvung der Entwicklungsinstrumente bereits darauf hingewiesen, dass wir alle nur über eine sehr begrenzte Anzahl individueller Stärken verfügen. Dies zu erkennen und zu akzeptieren, ist sozusagen die erste Voraussetzung für eine wirkungsvolle Einsatzgestaltung, die individuelle Stärken fördert. Wenn wir aber individuelle Stärken fördern wollen, müssen wir diese zunächst wohl erst einmal *erkennen*. Eine Warnung vorab: Individuelle Stärken zu erkennen, ist alles andere als trivial; es ist viel anspruchsvoller, als die meisten denken, und erfordert folgende Zutaten: genaue Beobachtung, Disziplin, Erfahrung, Zeit, Geduld und wirkliches Interesse am anderen. Es ist wohl keine gewagte These, dass diese unerlässlichen Zutaten nicht bei jeder Führungskraft in maximaler Ausprägung gegeben sind. So werde ich bei Vorträgen und Beratungsprojekten immer wieder gefragt, ob es nicht »Abkürzungen« gebe, mit denen man individuelle Stärken schneller erkennt als durch die oben genannten Zutaten. Nun, ich halte von der Vorstellung solcher Abkürzungen überhaupt nichts. Natürlich weiß ich, dass sie für die allermeisten Führungskräfte aus der Not zu vieler unterschiedlicher Aufgaben und der damit einhergehenden Überforderung, Verzettelung und ständigen Zeitnot entsteht. Zusätzlich wird sie leider durch diejenigen genährt, die überall gefragt und ungefragt den Zaubertrank des Druiden versprechen und Instantlösungen des »In zehn Tagen zum ...« feilbieten. Aber es bleibt dabei:

> Wirksame individuelle Führung bietet genauso viele Abkürzungen wie ein Hundertmeterlauf.

Gras wächst auch nicht schneller, wenn man daran zieht. Um die langen Gesichter nach dieser grundlegenden Klarstellung wieder etwas aufzuhellen, biete ich aber dennoch eine interessante Hilfestellung an, die zumindest erste Anhaltspunkte über individuelle Stärken liefern kann. Es handelt sich um eine einfache, hochgradig wirksame Frage. Wenn ich meine Gegenüber um ihre Meinung bitte, mit welcher Leitfrage wir Hinweise auf individuelle Stärken erhalten, antworten über 90 Prozent mit »*Was macht dir Spaß?*«. Leider daneben. Die Leitfrage lautet »*Was fällt dir leicht?*«. Durch *diese* Frage erhalten Sie relativ sichere erste Indikationen über individuelle Stärken. Falls Sie denken, das sei doch das Gleiche – lassen Sie mich den Unterschied anhand eines eigenen, privaten Beispiels erläutern: Meine Frau überredete mich vor einiger Zeit zum gemeinsamen Tanzkurs. Ich willigte ein; einerseits, um ihr den Gefallen zu tun, aber auch, weil Tanzen mir viel *Spaß* macht. Das Dumme nur: Es fällt mir nicht *leicht*. Es fällt mir sogar recht schwer. Einige Tanzstunden und blaue Zehen später hatte ich es endlich akzeptiert: Tanzen wird nie eine individuelle Stärke von mir werden können! Niemals. Wir könnten noch 5 Kurse gemeinsam belegen, viel Geld dafür ausgeben, uns ständig streiten, weil ich zu blöd bin, um genau im Rhythmus zu bleiben – all das würde meine Tanzleistung maximal auf ein mittelmäßiges Niveau bringen. Und schon das erforderte viel Schweiß und Kraftanstrengungen. Den Goldkurs, den meine Frau inzwischen belegt, kenne ich nur noch aus Erzählungen … Egal, welche eigenen Beispiele Sie nehmen – es wird viele davon geben – die Schlussfolgerung ist immer dieselbe: Ihre individuellen Stärken liegen dort, wo Ihnen etwas leichtfällt.

Nun ist die Forderung, individuelle Stärken weiter zu stärken, kein Wunschkonzert des persönlichen Wohlbefindens – sie ist von höchster betriebswirtschaftlicher Relevanz. Ich werde im Folgenden aufzeigen, welch immense, meist verdeckte, Kosten entstehen, wenn zu viele Menschen ihre individuellen Stärken nicht einsetzen können. Es sind Kosten, die in keiner Kostenrechnung stehen. Wer sich primär mit den Schwächen seiner Mitarbeiter beschäftigt und nach allen Regeln der Kunst an ihnen herumdoktert, bis die entsprechenden Fertigkeiten nach viel Mühe, Frustration und nicht zuletzt finanziellem Aufwand auf ein mittelmäßiges Niveau gebracht sind, wird von vier fatalen Konsequenzen nicht verschont bleiben. [36)]

Erstens werden individuelle Stärken relativ schwächer, denn niemand wird seine Stärken ohne ständiges Training auf hohem Niveau halten können. So verkümmern viele unentdeckte Talente. Es gibt Sprichwörter, die den Nagel auf den Kopf treffen: Übung macht den Meister. Anschauungsmaterial finden wir in allen Bereichen des Leistungssports: Tiger Woods ist morgens der *Erste* auf dem Übungsplatz. *Zweitens* geht als Folge die Motivation in den Keller, denn es ist zutiefst deprimierend, seine individuellen Stärken nicht nutzen zu können. Auch der Umkehrschluss gilt: Wer seine individuellen Stärken weitgehend entfalten kann, ist auf einem sicheren Weg zu dauerhafter, belastbarer Motivation. *Drittens* greift Zynismus um sich, wenn dauerhaft an den Schwächen gewerkelt wird und die Stärken verkümmern. Bedenken Sie: Zynismus ist der sicherste Totengräber jeder organisatorischen Entwicklung. *Viertens* verlassen dann schließlich die besten Talente das Unternehmen; einige tatsächlich, andere durch die innere Kündigung. Im Ergebnis gilt:

> Wer die Einsatzgestaltung nicht nach individuellen Stärken ausrichtet, braucht sich über Mittelmäßigkeit in seiner Organisation nicht zu wundern.

Ich gehe noch einen Schritt weiter. Wenn wir ein so wertvolles Gut wie Leidenschaft überhaupt in unseren Unternehmen finden, dann immer dort, wo etwas leichtfällt!

Und schließlich:

Leidenschaft zieht wirtschaftlichen Erfolg nach sich.

e. Fazit: Individuelle Verantwortung und Stärken im Mittelpunkt

Die Gestaltung des individuellen Einsatzes ist das zweite große Handlungsfeld meines Ansatzes der Individuellen Führung. Als richtunggebende Prinzipien habe ich hierfür vorgeschlagen:

- Eine gute und richtige Einsatzgestaltung muss zuvorderst die Übernahme individueller Verantwortung unterstützen. Die besten Führungskräfte übernehmen individuelle Verantwortung für ihre Entscheidungen sowie für deren Kommunikation.
- Damit geht die Forderung einher, Teams zu entglorifizieren. Pointiert gesagt, sind mindestens acht von zehn Teams die institutionalisierte Nicht-Verantwortlichkeit. Minimieren Sie daher die Anzahl und Größe Ihrer Teams, so stark es geht!
- Verabschieden Sie sich erstens von technokratischen Stellen und den dazugehörigen Stellenbeschreibungen des normierenden Werkzeugkastens und machen Sie die größeren, für die nächste überschaubare Zeit zu erledigenden Aufgaben zur Bezugsgröße Ihrer Einsatzgestaltung. Gleichen Sie zweitens die vorhandenen Aufgaben mit den vorhandenen individuellen Stärken so weit ab, wie es eben geht.
- Gestalten Sie die wahrzunehmenden Aufgaben und den individuellen Einsatz so, dass Schnittstellen minimiert werden. Jede Schnittstelle bringt Reibungen, Informationsverluste und Interessenkonflikte mit sich. Alles andere ist realitäts- und betriebsfernes Wunschdenken.

- Daraus folgt auch, individuelle Aufgaben tendenziell eher groß als klein zuzuschneiden. Ein weiterer positiver Effekt besteht darin, dass hiermit die schlimme Seuche des Wir-machen-von-allem-etwas zwar nicht ausgerottet, aber doch bekämpft wird. Konzentriertes Arbeiten ist schwer genug: Eine richtige und gute Einsatzgestaltung muss die Konzentration auf wenige Schwerpunkte – einer der wichtigsten Schlüssel zu guten Ergebnissen und individuellen Beiträgen – unterstützen.
- Schließlich: Verschenken Sie nicht die wertvollen Anregungen, die Neueinsteiger liefern können.

Es gäbe natürlich zur professionellen Einsatzgestaltung noch vieles mehr zu sagen, aber dies sind die wichtigsten Punkte. Wenn ich zwei Punkte herausstellen müsste, die ich für besonders essenziell halte, wären es diese: Die Einsatzgestaltung muss individuelle Verantwortung erleichtern und individuelle Stärken in den Mittelpunkt stellen.

34 Vgl. hierzu auch Malik, *Führen Leisten Leben*, S. 307–311.
35 Vgl. Köcher, *Skepsis gegenüber den Führungseliten*, S. 5.

36 Vgl. Schumacher, *Wenn Du viel erreichen willst, tue wenig – Einfache Führung durch Klarheit, Freiheit und Konsequenz*, S. 173–176.

3
Individueller Aufstieg – von falschen Rücksichtnahmen zur Förderung der Leistungsträger

a. Praxisbericht: zum Scheitern verurteilt?

Ein wichtiges Zitat aus berufenem Munde, von Peter Drucker: »Die größte Verschwendung menschlicher Arbeitskraft, die ich erlebt habe, sind die fehlgeschlagenen Beförderungen. Nicht viele der durchaus fähigen Leute, die in eine andere Position versetzt werden, sind dort erfolgreich. Eine Menge sind regelrechte Versager. Und eine viel höhere Zahl sind weder erfolgreich noch Versager, sie sind schlicht Durchschnitt. Aber warum sollten Menschen, die 10 oder 15 Jahre lang als kompetente Mitarbeiter galten, plötzlich inkompetent werden? Der Grund ist in fast allen Fällen … sie fahren in ihrer neuen Position fort, die Arbeit zu leisten, die sie in der alten erfolgreich gemacht und die ihnen die Beförderung eingebracht hat. Und dann gelten sie plötzlich als inkompetent – nicht weil sie es wirklich werden, sondern weil sie die falschen Dinge tun.«

Was passiert hier? Es ist ein immer wiederkehrendes Muster: Obwohl sich die Umfeldbedingungen stark geändert haben, werden die alten Regeln, die zum Erfolg geführt haben, angewendet. Die Psychologie bezeichnet dieses Verhalten als *negativen Transfer.*

> Erfolgreich bei neuen Aufgaben sind diejenigen, die sich leicht von den Erfolgen von gestern trennen können.

Leinen los. Torsten Schumacher
Copyright © 2009 WILEY-VCH Verlag GmbH & Co. KGaA, Weinheim
ISBN: 978-3-527-50475-6

Einige – wenige – schaffen dies von selbst; aus eigener Reflexion und Erkenntnis. Die meisten Führungskräfte jedoch verkennen, dass sich mit jedem Aufstieg nicht nur die eigentlichen Aufgaben verändern, sondern auch die gesamten Erfolgsparameter der zurückliegenden Zeit eben nicht mehr gelten. Je wichtiger der Karriereschritt, desto schmerzhafter kann dieser Prozess sein. Ich werde auf diesen interessanten Punkt im vierten Abschnitt dieses Kapitels zurückkommen, ihn mit realen Beispielen aus meiner Beratungsarbeit illustrieren und Ihnen konkrete Fragen anbieten, durch deren Beantwortung Sie sich bestmöglich auf Ihren nächsten Schritt vorbereiten.

Das überall zu beobachtende Scheitern in neuer Aufgabe hat jedoch nach meinen Beobachtungen eine Reihe weiterer Ursachen. Hier die wichtigsten:

- *Potenzialgeschwafel* – Eine der großen Führungs-Fehlentwicklungen der letzten Jahre besteht darin, die sogenannten Potenziale eines Menschen in den Mittelpunkt zu rücken – auch und gerade bei Beförderungsentscheidungen. Ich halte von diesem sozialromantisch getrübten Blick gar nichts. Meinen Gegenvorschlag lesen Sie im ersten Prinzip des individuellen Aufstiegs.
- *Falsch verstandene Rücksichtnahmen* – Wer meint, dass einzig und allein individuelle Leistungen und Beiträge über das Fortkommen entscheiden, wird enttäuscht sein: In inakzeptabel vielen Fällen geben ganz andere Aspekte den Ausschlag: Proporz, firmenpolitische Erwägungen, Dauer der Betriebszugehörigkeit, um nur einige zu nennen. Ich habe Führungskräfte erlebt, die Vorstand wurden, weil sie niemals angeeckt sind. Wenn nur noch gesagt wird, *was* ankommt und nicht, *worauf* es ankommt, ist es meistens schon zu spät.
- *Gleich und Gleich gesellt sich gern* – Neun von zehn Managern befördern diejenigen, die die gleichen, ihnen vertrauten und damit angenehmen Persönlichkeitsmerkmale aufweisen. Im Ergebnis entsteht die »Fortpflanzung«

der homogenen Gruppe. Bitte nicht stören! Es gibt hierfür im Wesentlichen zwei Erklärungsansätze: Der erste, wohlwollende, geht davon aus, dass dies unbewusst geschieht. Der zweite Erklärungsansatz sieht dagegen den Drang zum Machterhalt als Triebfeder. Wer ähnlich ist, wird sich schnell in das System einfügen, nichts durcheinanderwirbeln und keine Probleme bereiten. So wird von innen kommende Konkurrenz im Keim erstickt und das eigene Machtgefüge weiter zementiert.

- *Politisch korrekte Diversität* – Die besonders »fortschrittlichen« Führungsmannschaften haben das Dilemma der homogenen Fortpflanzung inzwischen erkannt: »Unsere Geschäftsleitung ist durchgängig weiß, männlich und etwas über fünfzig Jahre alt!« Die gängigen Schlussfolgerungen könnten allerdings technokratischer kaum sein: Ein farbiger Geschäftsführer hier, eine Frau dort – oder zumindest eine Frauenbeauftragte, man will ja schließlich die »Organisation nicht überfordern« – und damit wird das Thema zu den Akten gelegt. Hausaufgabe erledigt. Nur gemessen wird noch fleißig: endlich 5,8% Ausländer im Unternehmen und die Frauenquote im Führungskreis ist auf – für unsere Verhältnisse – sensationelle 3,3% angestiegen! Das ist in meinen Augen erstens die eigentliche Diskriminierung und zweitens Ausdruck der Werkzeugkasten-Mentalität, die unsere Unternehmen verseucht hat. Worauf es dagegen ankommt, ist die Vielfalt von Meinungen, Erfahrungshintergründen und Einstellungen.

b. Prinzipien des Aufstiegs

Erstes Prinzip: Performance statt Potenziale

Das erste Prinzip des individuellen Aufstiegs sollte eigentlich eine Selbstverständlichkeit sein. Allerdings wird mit geradezu erstaunlicher Hartnäckigkeit dagegen verstoßen. Achten Sie bei Ihren Beförderungsentscheidungen auf die tatsächlich *bisher* erbrachten, *individuellen* Leistungen und Beiträge des Kandidaten. Sie sind und bleiben der sicherste und belastbarste Hinweis auf die *zukünftig* zu erwartenden Leistungen und Beiträge.

Die *bisherigen* Leistungen sind der sicherste Hinweis auf die zu erwartenden *zukünftigen* Leistungen.

Aber Achtung: Es ist auch und gerade hier nicht damit getan, ein paar Zahlen nach dem Motto »Umsatzsteigerung um 10% hier« und »Kostensenkung um X Millionen dort« abzuhaken. Das würde der technokratische Werkzeugkasten-Manager tun, den wir in Teil A des Buches abgewählt haben. Erarbeiten Sie stattdessen, gemeinsam mit dem Kandidaten, den jeweiligen *Kontext*, in dem dieser eine bestimmte Leistung erbracht hat. Zwei Menschen mit einer Umsatzsteigerung von X% für ihren Verantwortungsbereich haben niemals die gleiche oder auch nur eine vergleichbare individuelle Leistung erbracht. Niemals. Ich habe Führungskräfte erlebt, die mit einer Umsatzsteigerung geprahlt haben, die einzig und allein auf Währungseffekte zurückzuführen war. Verschiedenste Einflussfaktoren sind stattdessen zu berücksichtigen, wenn Sie an einer vernünftigen, guten Einschätzung wirklich interessiert sind: Hierzu gehören beispielsweise die Entwicklung des Gesamtmarktes, die Intensität des Wettbewerbs, die spezifische Situation des eigenen Unternehmens, relevante personelle Veränderungen, die Stellung des Verantwortungsbereiches innerhalb der Organisation und viele andere Dinge mehr. Nur wer diese Art von Kontext herstellt, wird das bei sich selbst schulen, was wir mehr denn je benötigen: individuelle Urteilskraft.

Wieder sehen wir: Standardmäßige Bewertungs-Schablonen machen vielleicht das Leben auf den ersten Blick einfacher. Sie sind jedoch zum Scheitern verurteilt. Das Individuum gehört in den Mittelpunkt. Deshalb rede ich hier auch von den bisher erbrachten *individuellen* Leistungen. Wie war also der eigene, individuelle Beitrag zur Umsatzsteigerung des Verantwortungsbereiches? Was hat der Kandidat selbst und konkret für dessen Entwicklung getan? Es ist erschreckend, wie wenig hierüber gesprochen wird.

Stattdessen wird ein voluminöses Geschwafel über die sogenannten Potenziale entfaltet. »Nun ja, bisher war es nicht so doll mit der Produktentwicklung, aber das Potenzial hat er schon.« Oder mit der Geschäftsentwicklung oder mit der Führungsleistung. Oder, oder, oder. Überlassen Sie die vielen Varianten der Potenzialanalyse Ihren Wettbewerbern. Potenziale sind nichts anderes als vage Vorstellungen, Hoffnungen auf Leistungen, die ein Mensch später vielleicht einmal erbringen könnte. Oder eben auch nicht.

Zweites Prinzip: umgekehrte Sozialisation

Den Begriff sollte ich erläutern. Wie ich oben gezeigt habe, wird in der Praxis soziale Ähnlichkeit gefördert und befördert. Angefangen bei Äußerlichkeiten, über typische Verhaltensweisen bis zu grundlegenden Einstellungen und Prägungen: Wir beurteilen das Ähnliche – wie ich meine zumindest in Teilen unbewusst – positiver, während auch der Umkehrschluss gilt: Je größer die Unterschiede, desto kritischer fällt in der Tendenz unser Urteil aus. Genau deswegen haben wir in so vielen Unternehmen eine Homogenität – um die Bezeichnung Einheitsbrei zu vermeiden –, die fast schon unheimlich ist. In jedem Fall ist sie nicht gut fürs Geschäft, denn nicht nur Energie entsteht aus Reibungen, auch gute Ideen, positive Überraschungen, das Besondere, das Unerwartete, das sich vom grauen Durchschnitt Abhebende – kurz: genau das, wonach alle suchen – wird erst durch Gegensätze wahrscheinlich. Übrigens führt die soziale Ähnlichkeit auch dazu, dass wir genau die Besprechungs-Kultur haben, unter der alle leiden: Besprechungen, in denen sich der Standard feiert; das Gewöhnliche, das bereits hundertfach Dagewesene, das Normale und Vertraute. (Wer hat nicht schon da gesessen und gedacht: Es ist alles gesagt, nur noch nicht von jedem.) Deswegen:

> Wir müssen die gängige Praxis, nach der soziale Ähnlichkeit ge- und befördert wird, umdrehen.

Mit einer umgekehrten Sozialisation würden demnach die Neueinsteiger den Veteranen der Organisation etwas beibringen, den »Das-haben-wir-immer-so-gemacht-Spiegel« vorhalten, den Status quo hinterfragen – und nicht mittels expliziter oder subtiler Gehirnwäsche binnen weniger Monate »eingenordet« sein.

Wer nach dem Prinzip der sozialen Ähnlichkeit verfährt, befördert Manager, die maximal in der Lage sind, vom Gewohnten noch mehr abzuliefern und damit die Effizienz zu steigern. Wer das Prinzip dagegen umkehrt, lässt Vielfalt bewusst entstehen und wachsen und steigert so die Wahrscheinlichkeit herausragender Ergebnisse. Häufig entstehen gute Ideen aus Widersprüchen. »Kreativität entspringt aus ungewöhnlichen Kombinationen.«[37] Das ist allerdings viel anstrengender, als eine homogene, amorphe Masse, die nicht weiter auffällt, zu führen. Damit sind wir beim nächsten Prinzip.

Drittes Prinzip: Diversität ohne Doppelmoral

Wer diese *Vielfalt wirklich* will, der sollte sich allerdings vor einem leider weitverbreiteten Fehler hüten: bunte Vielfalt nach außen proklamieren und Gleichschaltung nach innen praktizieren. Schön und gut, wenn eine Multikulti-Truppe auf ganzseitigen Anzeigen den Leser anlächelt – entscheidend ist, wie es *innerhalb* der Firmenwände, im tatsächlichen

Führungsalltag, aussieht. »Die Wahrheit is' auf'n Platz«, wie eine alte Fußballerweisheit sagt. Hier: Die Wahrheit liegt im *Handeln* jedes Einzelnen – nicht in bunten Bildern der PR-Abteilung.

Viertes Prinzip: Leistungsträger fördern

Auch mein abschließendes Prinzip des individuellen Aufstiegs sollte eine Selbstverständlichkeit sein. Sollte. Immer wieder habe ich in den vergangenen Jahren beobachtet, dass in inakzeptabel vielen Organisationen bzw. Verantwortungsbereichen die Leistungsträger – die jeder kennt, und zwar ohne den Führungs-Werkzeugkasten zu benötigen – nicht in ausreichendem Maße gefördert werden. Warum ist das so? Obwohl es mich zu längeren Ausführungen reizt, hier summarisch drei Startpunkte möglicher Antworten: *Erstens* zieht die kulturelle Grundprägung vieler Organisationen Gleichheit – leider – der Differenzierung vor. *Zweitens* sind viele andere Kriterien wie Proporz in allen erdenklichen Varianten, firmenpolitische Rücksichtnahmen, Betriebszugehörigkeit (»der Burgsmüller muss es jetzt werden, der ist schon so lange dabei«) und Quoten verschiedenster Schattierung (da ist sie wieder, die falsch verstandene Diversität) im Spiel. *Drittens* erfordert es eine gute Portion innerer Souveränität, tatsächlich die besten Leute zu fördern und sich genau mit diesen Individuen zu umgeben. Natürlich tun die besten Führungskräfte genau dies; aber hier trennt sich die Spreu vom Weizen.

Eine Warnung an dieser Stelle: Wer sich jetzt entspannt zurücklehnt, weil ja der »Goldfischteich« (die Gruppe der Leistungsträger wird häufig mit diesem oder anderen skurrilen Begriffen belegt – übrigens: Goldfische sind sich so ähnlich, dass man sie kaum unterscheiden kann …) erst kürzlich etabliert wurde, sollte nicht einschlafen. Das ist nur das Instrument; und das ist eher unwichtig. Worauf es ankommt: Wie viel Zeit, Energie und Aufmerksamkeit bekommen die besten Leute *wirklich* vom Top-Management? Wie stark werden Sie *wirklich* gefordert und gefördert – und zwar *individuell* und nicht mit dem schablonenartigen Standard-Entwicklungsprogramm aus der Konzernzentrale? Wie stark wird also das Einzige, was sie so wertvoll macht – ihre Individualität –, *wirklich* in den Mittelpunkt gestellt? Bedenken Sie: Die besten Leute können diese Fragen sehr klar beantworten.

c. Ein wirksames Kriterium: der Zeithorizont

Entscheidungen zum individuellen Aufstieg gehören zu den bedeutendsten und auch schwierigsten Führungsfragen. Umso wichtiger erscheint es mir, ein Kriterium stärker in das Bewusstsein zu rufen, das kaum berücksichtigt wird, obwohl es sehr hilfreich in diesem Zusammenhang ist: die Frage, welchen *zeitlichen Horizont* die Aufgabe verlangt. Ich habe im Kapitel zur individuellen Auswahl erläutert, dass wir uns darüber klar werden müssen, welche Voraussetzungen und Erfordernisse eine Aufgabe mit sich bringt. Der zeitliche Horizont ist ein wesentlicher Baustein hierzu. Welchen Zeithorizont verlangt die Aufgabe? Eine Woche, einen Monat, ein Jahr oder sogar mehr? Gerade für den individuellen Aufstieg – wie auch für Auswahlentscheidungen generell – ist es äußerst hilfreich, den Zeithorizont, den die Aufgabe erfordert, mit den individuellen Zeithorizonten abzugleichen, in denen die einzelnen Kandidaten denken, arbeiten und entscheiden. Nach meiner Beobachtung blenden die meisten Beförderungsentscheidungen diesen Aspekt völlig aus. Er ist jedoch absolut entscheidend. Die wirksamsten Führungskräfte erhalten auch unter Stress ihre ordnende Intelligenz und ihren Blick über die aktuelle Stresssituation hinaus. Sie stellen die aktuellen Schwierigkeiten immer in den Gesamtkontext eines längeren Zeitraumes.

> Die besten Führungskräfte behalten auch in schwierigen Situationen ihre ordnende Intelligenz und stellen Probleme in den Kontext eines längeren Zeitraumes.

Ein ungelernter Möbelpacker wird sich in aller Regel in einem Zeithorizont bewegen, der nur einen einzigen Tag umfasst. Die Fachverkäuferin denkt, arbeitet und entscheidet vielleicht schon in einem Zeithorizont von einer Woche. Auf den unteren Management-Ebenen müssen wir dagegen einen Zeithorizont von mindestens drei Monaten erwarten können. Nur eine Minderheit dehnt diesen auf ein ganzes Jahr aus. An die Spitze unserer Organisationen gehören nach meiner Auffassung diejenigen, deren Zeithorizont sich auf mehrere Jahre erstreckt. Es sind Ausnahmeerscheinungen. Realistischerweise sollten wir zudem davon ausgehen, dass sich der Zeithorizont im Laufe des Berufslebens, also mit wachsender Erfahrung, ausdehnt. Wenn die meisten jüngeren Führungskräfte in Kategorien von Wochen und Monaten denken und sich entsprechend organisieren, sollte sich ihr Zeithorizont schrittweise auf mindestens ein Jahr erweitern.[38)]

> Der individuelle Zeithorizont gehört zu den wichtigsten Aufstiegskriterien. Seine Anwendung bringt höchste Wirksamkeit in die Beförderungsentscheidungen.

Wie also erkennen Sie nun, ob ein Kandidat, der für eine neue Aufgabe infrage kommt, in einer Wochenrhythmik denkt, arbeitet und entscheidet oder bereits über einen weiteren Zeithorizont verfügt? Die gute Nachricht: Wir benötigen auch hier keine komplizierten Instrumente; im Gegenteil – sie würden auch hier die dargestellten verheerenden Wirkungen nach sich ziehen. Wer mit verkomplizierenden Fragebögen versucht, etwas über individuelle Zeithorizonte zu erfahren, der hat zwar immerhin die Bedeutung dieses Themas für seine Auswahl- und Beförderungsentscheidungen erkannt, ist aber in der Umsetzung auf dem Holzweg. Ich wiederhole es gerne und bewusst: Der Standardisierungs-Werkzeugkasten führt in die Irre; er verwässert und schwächt individuelles Urteilsvermögen. Was wir benötigen, ist Erfahrung, Empathie und *wirkliches* Interesse am Gegenüber. Aufschlussreiche, offene Fragen können etwa lauten:

- Wohin entwickelt sich unsere Organisation?
- Wie verändert sich Ihr Verantwortungsbereich?
- Welche Einflussfaktoren müssen wir für die Weiterentwicklung unserer Produkte bzw. Dienstleistungen berücksichtigen?
- Wie verändert sich unsere Führungsmannschaft?

Hierdurch wird ersichtlich, wie die jeweilige Person ihren Zeithorizont absteckt; in welchem zeitlichen Rahmen sie sich am besten zurechtfindet und ab welchem Zeithorizont der psychologische Komfort abnimmt.

In der organisatorischen Idealausprägung würde demnach die Machthierarchie abgelöst durch eine Hierarchie des Zeithorizonts.[39] Einstellungs- und Beförderungsentscheidungen würden so getroffen, dass Mitarbeiter mit einem Zeithorizont von ein bis zwei Wochen an einen Vorgesetzten berichten, der selbst wenigstens drei Monate vorausdenkt. Dieser wiederum untersteht einer Führungskraft mit einem Zeithorizont von einem Jahr und auf Abteilungs- oder Bereichsebene befinden sich genau die Manager, die erst bei Zeithorizonten von zwei bis drei Jahren ihre psychologische Komfortzone verlassen. Die Unternehmensleitung schließlich überblickt die nächsten fünf oder mehr Jahre und richtet die Organisation auch in diesem Sinne strategisch aus. Auch wenn dieses Bild natürlich idealtypisch ist und in der praktischen Organisationsrealität nie in dieser Reinform vorkommen wird, ist es doch aufschlussreich, den Zustand der aktuellen Organisation mit diesem Blickwinkel zu analysieren. Professionelle

Beförderungsentscheidungen, die den individuellen Zeithorizont als wichtiges Kriterium berücksichtigen, können einen wichtigen Beitrag zur Wirksamkeit und damit Leistungsfähigkeit der Gesamtorganisation leisten.

d. Sich von alten Erfolgsparametern verabschieden

Der Blick in die Praxis zeigt, wie viele Führungskräfte tatsächlich in neuer Aufgabe scheitern. Wann immer Sie vor der Wahrnehmung neuer Aufgaben stehen, sollten Sie dem folgenden Zusammenhang besondere Beachtung schenken:

> Je stärker sich Ihre Aufgaben verändern, desto klarer müssen Sie sich von den Erfolgsparametern der Vergangenheit trennen.

Das wird allerdings nicht nebenbei, zwischen zwei Kundenterminen, gehen. Es erfordert einen bewussten Akt der Selbstreflexion, der Ruhe und Zeit benötigt und für den ich Ihnen die Beantwortung folgender Fragen vorschlage:

- Warum habe ich in meiner alten Aufgabe Erfolg gehabt?
- Welche individuellen Stärken konnte ich in meiner alten Aufgabe einsetzen?
- Hätte ich noch erfolgreicher sein können? Was hätte hierfür passieren müssen?
- Was passiert, wenn ich genauso weiterarbeite wie bisher?
- Was erwartet mich in meiner neuen Aufgabe?
- Welche Erwartungen werden zukünftig von wem an mich gestellt?
- Welche Hilfe benötige ich von wem, um auch in der neuen Aufgabe erfolgreich sein zu können?
- Woran wird zukünftig mein Erfolg festgemacht werden?

Das klingt anstrengend? Genau, ist es auch. Aber wer diese anspruchsvollen Fragen gewissenhaft und tiefgehend beantwortet, ist für seinen nächsten Schritt gut vorbereitet. Es erübrigt sich wohl zu sagen, dass schonungslose Offenheit sich selbst gegenüber die unabdingbare Voraussetzung für diese Übung ist. Die Unterstützung durch einen erfahrenen Sparringspartner kann hier sehr sinn- und wertvoll sein.

Ich selbst habe an einer entscheidenden Stelle meines beruflichen Werdeganges erfahren, was passieren kann, wenn man diese Fragen unbeachtet und unbeantwortet lässt. Nachdem ich in der Management-Beratung jahrelang erfolgreich als Projektleiter *meine* Beratungsprojekte geführt hatte, wurde ich zum Partner ernannt. Was ich bei aller Zufriedenheit über diesen Schritt dann jedoch in der Folge lange Zeit nicht gesehen hatte, war die fundamental veränderte Logik meiner neuen Aufgabe. Früher hatte ich mich immer tief in die jeweilige Projektaufgabe hineingegraben, kannte jeden Kundenmitarbeiter (einige wurden zu Freunden) und jeden Organisationswinkel des Kundenunternehmens. Ich war »einer von ihnen«. Nun, als Partner, hatte ich mich um diverse Projekte bei einer Reihe von Kunden gleichzeitig zu kümmern und zusätzlich mehrere interne Management-Aufgaben wahrzunehmen. Die ersten Monate waren die reinste Qual. Natürlich versuchte ich weiterhin, meine Projekte wie gewohnt zu durchdringen – zur Frustration aller Beteiligten: Die für mich arbeitenden Projektleiter wollten zu Recht keinen »Ersatz-Projektleiter« und ich selbst war frustriert und hoffnungslos überarbeitet. Es hat mich etwa sechs Monate gekostet zu erkennen, dass ich mich von den Erfolgen der Vergangenheit lösen musste, um in meiner neuen Aufgabe erfolgreich sein zu können. Eine Mischung aus Marktdruck und Selbstreflexion hat mich dazu gebracht, mich neu zu justieren. Ich habe meine Art zu arbeiten grundlegend infrage gestellt und auf die Paradigmen meiner neuen Aufgabe ausgerichtet. Die positiven Effekte ließen nicht lange auf sich warten: Meine Projektleiter, ausgestattet mit maximalen

Wahlmöglichkeiten, liefen zu Höchstform auf – jeder auf seine individuelle Art und Weise – und entlasteten mich in einem Umfang, den ich zuvor nicht einmal zu träumen gewagt hätte. Nicht nur das; meine Trennung von den Erfolgsparametern der vergangenen Zeit führte auch dazu, dass seit nunmehr zehn Jahren die Wochenenden in der Regel weitgehend arbeitsfrei bleiben. Unmöglich? Dann haben Sie es noch nicht versucht! Spät, aber nicht zu spät hatte ich erkannt, dass ich in jeder Hinsicht gescheitert wäre, wenn ich mich von den alten Erfolgen nicht getrennt und so wie bisher weitergearbeitet hätte. Es wäre beinahe schiefgegangen.

Nun ist mein Beispiel beileibe kein Einzelfall. Unsere Unternehmen sind voll von gerade aufgestiegenen Führungskräften, die noch immer in der Logik und mit den Erfolgsbedingungen der Vergangenheit arbeiten. Stellvertretend für viele skizziere ich zur Illustration einen realen Fall aus meiner Beratungsarbeit. Er verdeutlicht, dass die hier behandelte Thematik natürlich nicht nur für die Aufstiegskandidaten relevant ist, sondern genauso für diejenigen, die Beförderungsentscheidungen treffen. Ein größeres mittelständisches Pharmaunternehmen, nennen wir es *Placebon*, vertreibt bundesweit relativ hochpreisige Medikamente aus dem Bereich Herz/Kreislauf an niedergelassene Ärzte und auch direkt an Krankenhäuser. Die Vertriebsmitarbeiter betreuen entweder niedergelassene Ärzte oder Krankenhäuser in einem genau definierten Gebiet. Geführt werden sie durch die Regionalleiter, die für ihre Region sowohl die niedergelassene Klientel als auch den Krankenhausbereich betreuen. Bundesweit gibt es sieben Regionalleiter.

Nun scheidet der Regionalleiter Nord-West altersbedingt aus. Das Management von *Placebon* hat es versäumt, bereits frühzeitig nach einem geeigneten Nachfolger Ausschau zu halten, da die gesamte Aufmerksamkeit auf eine anstehende Akquisition gerichtet war. Die Nachfolge-Überlegungen konzentrieren sich schnell auf Gunter Gaswind; schließlich ist Gaswind seit mehreren Jahren kontinuierlich der beste Verkäufer in der Region Nord-West. Ein Anruf vom Personalleiter; Gaswind sagt natürlich sofort zu, schließlich fallen solche Aufstiegsmöglichkeiten nicht vom Himmel. Und das Gehalt eines Regionalleiters liegt mindestens 30 Prozent über seinem jetzigen Salär.

Dieses Vorgehen illustriert einen immer wiederkehrenden Fehler: Die besten Sacharbeiter werden zu Führungskräften befördert. Im Vertrieb: Die Mitarbeiter mit den besten Verkaufszahlen werden eine Hierarchiestufe herauf gehoben, was häufig die Leitung einer bestimmten Verkaufsregion bedeutet.

Immer wieder ein typischer Fehler: Die besten *Sach*bearbeiter werden zu *Führung*skräften befördert.

Es gibt keinen wissenschaftlich erwiesenen oder praktisch bestätigten Zusammenhang zwischen der Eignung als Fachexperte und der Eignung als Führungskraft. Was alle Beteiligten in unserem Beispiel verkannt oder zumindest unterschätzt haben: Die neue Aufgabe des Regionalleiters bringt völlig *veränderte* Anforderungen mit sich. Als Verkäufer kam es für Gunter Gaswind darauf an, das Vertrauen der von ihm betreuten Ärzte zu gewinnen, damit diese trotz knapper Budgets seine hochpreisigen Medikamente verschreiben. Hierin war Gaswind ein wahrer Meister. Es fiel ihm leicht. Zudem hatte er es immer geschätzt, sich selbst zu organisieren, eigenständig und ohne viele Absprachen mit anderen seinen Arbeitstag gestalten zu können. Nun, als Regionalleiter, veränderte sich die Welt unseres Starverkäufers von Grund auf. Nicht mehr eigene Verkaufserfolge waren ausschlaggebend, sondern die Führung seiner Vertriebsmannschaft wurde zum Kern der neuen Aufgabe von Gunter Gaswind. Hinzu kamen unerwartet viele Abstimmungen und Besprechungen mit den übrigen Regionalleitern sowie die Berichterstattung an die Geschäftsleitung. Innerhalb von drei Monaten war Gaswind nicht wiederzuerkennen. Völlig frustriert saß er an seinem Heim-Schreibtisch und wälzte Berichte, die zu interpretieren ihm schwerfiel. Ab mittags war an konzentriertes Arbeiten eh nicht mehr zu denken, da die schulpflichtigen Kinder dann die heimatliche Festung gestürmt und eingenommen hatten. Also hatte Gunter eine – wie er dachte – blitzgescheite Idee: raus an die Front! Wieder die Verkaufsluft atmen. Ab sofort vereinbarte Gaswind Termine mit seinen Vertriebsmitarbeitern. Diese wunderten sich zunächst, konnten aber nicht verhindern, dass ihr Chef zum Beifahrer avancierte. Gunter Gaswind nahm sich fest entschlossen vor, jeden zweiten Tag mit einem seiner Leute rauszufahren. »Man darf den Kontakt zur Basis schließlich nicht verlieren.« Das Problem: Nicht der gewünschte Kontakt zur Basis leitete unseren neuen Regionalleiter, sondern seine Frustration über die neue Aufgabe. Gaswind lebte immer noch in der Logik seines Daseins als Vertriebsmitarbeiter. Er hatte sich von den Erfolgen der Vergangenheit in keinster Weise getrennt. Nun saß Gunter Gaswind natürlich nicht nur einfach so auf dem Beifahrersitz herum – nein, er fing an, jedes auch noch so kleine Detail mit seinen Vertriebsmitarbeitern zu diskutieren. »Wenn Sie zuerst Dr. Schniederbach ansteuern und dann Dr. Schnabel, dann sparen Sie bestimmt drei Kilometer und wertvolle Zeit. Ich kenne das Gebiet wie meine Westentasche.« (Schniederbach hatte in der Zwischenzeit seine Praxis aufgegeben und war nach Mallorca ausgewandert – aber man kann ja nicht alles wissen.) »Ich wäre bei dem Gespräch mit Frau Dr. Loose nicht so schnell zur Sache gekommen.« (Frau Dr. Loose, eine der angesehensten Kardiologinnen der Stadt, hatte die schnörkellose Art des Vertriebsmitarbeiters immer geschätzt und war bundesweit eine der besten Verordnerinnen der *Placebon*-Produkte.) »Sagen Sie mal, Sie haben Ihren Wagen ja ganz schön aufgemotzt. Ich bin auch 15 Jahre ohne Navigationssystem ausgekommen.« (Was Gaswind auch nicht weiß: Das Fuhrpark-Management von *Placebon* hatte ausnahmsweise einmal gut verhandelt und der Hersteller hatte alle Firmenwagen ohne

Aufpreis mit Navigationssystemen ausgestattet.) Und so weiter und so weiter. Je länger Gunter Gaswind die Beifahrersitze seiner Leute bevölkerte, desto frustrierter wurden diese. Zeitgleich kamen die ersten kritischen Fragen aus der Geschäftsleitung, warum Gaswind seine Berichte stets verspätet erstelle und – wichtiger noch – warum er sich überhaupt nicht um die strategische Weiterentwicklung der Vertriebsregion kümmere. »Strategische … was?« Gunter Gaswind war kurz davor, zu scheitern.

Wie also besser? Vor allem wäre es an Gunter Gaswind selbst gewesen, bei aller Freude über die Beförderung zu hinterfragen, ob er der neuen Aufgabe nicht nur gewachsen ist, sondern ob sie wenigstens zum Teil seine individuellen Stärken adressiert. Er hätte sich mit den oben vorgestellten Fragen eingehend beschäftigen müssen. Zusätzlich hätte er Gespräche mit einigen der Regionalleiter suchen können. Aber wie gesagt: Die meisten trennen sich nicht von allein von der Logik des vergangenen Erfolges; sie brauchen eine Hilfestellung von Dritten. Was wir in diesem Zusammenhang natürlich auch benötigen, ist eine klare Abkehr von der in vielen Organisationen vorherrschenden Verdachtskultur (»Warum will der sich bei uns informieren? Der ist sich wohl unsicher, ob er dem neuen Job gewachsen ist«) hin zu einem Dialog unter Partnern (»Klasse, dass Sie sich vor Ihrer Entscheidung über die neue Aufgabe informieren«).

Und die »Personaler« von *Placebon?* Müssten Sie Gaswind nicht unterstützen, womöglich den gesamten Entscheidungsprozess in die Hand nehmen? Ich bin hier sehr zurückhaltend. Denn je stärker dies geschieht, desto mehr wird die *individuelle Selbstverantwortung* von Gunter Gaswind untergraben. Es ist primär *seine* Aufgabe, die Aufstiegschancen und -parameter kritisch zu analysieren. Mir ist bewusst, dass diese Sichtweise, moderat formuliert, nicht mehrheitsfähig ist. Aber wenn die Forderung nach mündigen, eigenverantwortlichen Führungspersönlichkeiten kein Sonntagsgeschwätz ist, sondern ernst gemeinte Absicht, dann geht es nur so. Im

Übrigen: warum sollte eine entfernte Zentralabteilung die Passgenauigkeit zwischen Aufgaben und Kandidaten besser kennen und beurteilen können als die Beteiligten selbst? Man muss nicht Friedrich August von Hayek studiert haben (obwohl ich das jedem nur empfehlen kann), um dabei eine »Anmaßung von Wissen« durch eine zentrale Instanz – hier: die Personalabteilung der *Placebon*-Zentrale – zu wittern. Meinetwegen kann die Personalabteilung organisatorisch unterstützen; beispielsweise indem bilaterale Gespräche zwischen Gaswind und den übrigen Regionalleitern ausgemacht und mit folgenden Fragen vorbereitet werden:

- Was sind die Schlüsselerfahrungen der Regionalleiter?
- Worauf kommt es in der Aufgabe einer Regionalleitung an?
- Was macht die besonders guten Regionalleiter erfolgreich?

Schon die offene, konstruktive und tabulose Diskussion dieser drei Fragen hätte Klarheit darüber geschaffen, ob Gunter Gaswind mit einer gewissen Wahrscheinlichkeit erfolgreich in der neuen Aufgabe sein kann. Wir müssen uns verdeutlichen, dass ein derartiger Aufstiegs-Fehlschlag ja nicht nur erhebliche Führungsprobleme in der betroffenen Region mit sich bringt, sondern *Placebon* zudem noch seinen besten Verkäufer aus seiner ursprünglichen Aufgabe herauslöst, seine individuellen Verkaufserfolge aufgibt und damit eine weitere Lücke hinterlässt. Damit sind wir bei der nächsten Führungsaufgabe im Bereich des individuellen Aufstiegs.

e. Und wer folgt nach?

An allen Ecken und Enden wird geplant. Mit einem teilweise absurden Detaillierungsgrad durchleuchten Heerscharen von Unternehmensplanern und -controllern die betriebswirtschaftlichen Prozesse und im Ergebnis entstehen Zahlenkolonnen aus geplanten Kosten, Erträgen, Ergebnissen und vielem mehr. Das Ganze meistens auf monatlicher Basis und für jede Einheit der Organisation. Abweichungen von der Planung ziehen dann in aller Regel zwei Dinge nach sich: Rechtfertigungsrituale und noch mehr Planung. Ich halte es für keine gewagte These, dass acht von zehn Berichten, die aus dieser Art von Planungsritual entstehen, niemals gelesen werden. Erstaunlicherweise ist eines der – wenigen – wirklich wichtigen Planungsfelder dagegen in den meisten Unternehmen nicht bestellt: Es ist die Frage, wer wem *nachfolgt* für die einzelnen Schlüsselaufgaben.

> Kaum ein Unternehmen kann eine professionelle Nachfolgeplanung vorweisen.

Wieder gilt: Wer sich im Gestrüpp der Nachkommaplanung verheddert und zu viele Scheingenauigkeiten produziert, verliert den Blick für die wesentlichen Fragen. Die Frage, wer wem für die Schlüsselaufgaben nachfolgt, ist wesentlich! Und auch hier mutet die Antwort derjenigen, die die Bedeutung des Themas immerhin erkannt haben, eher technokratisch an: »Wir haben eine Excel-Tabelle mit dem Alter unserer Führungskräfte und wissen, wer in wie viel Jahren das Rentenalter erreicht und ausscheidet.« Ah ja. Das ist schön mit der Tabelle (dem Werkzeug ...), aber dennoch werden in der Regel mögliche Nachfolgekandidaten eben nicht frühzeitig genug ausgewählt. Im Übrigen:

- Was ist mit ungewollten Abgängen? Wie hat sich das Unternehmen hierauf vorbereitet? In aller Regel gehen die Leistungsstärksten, nicht der Durchschnitt.
- Was ist mit denjenigen, die dauerhaft keinen Beitrag leisten und für die deshalb ein Nachfolger gefunden werden muss?
- Was ist mit Chancen und neuen Geschäften, die sich anbahnen?

Die wenigen in dieser Hinsicht professionellen Organisationen verstehen das Thema nicht als mechanischen Akt, in dem Listen abgehakt werden, sondern sie haben eine Nachfolgeplanung etabliert, die

- langfristig ausgelegt ist;
- durch maximale Transparenz besticht;
- auch das mittlere Management mit einbezieht und sich nicht nur auf den engsten Führungskreis beschränkt;
- diejenigen Aufgaben in den Mittelpunkt stellt, die für den langfristigen Erfolg der Organisation besonders wichtig sind;
- äußerst flexibel in Bezug auf Inhalte, Kandidaten und Abläufe gehandhabt wird. [40]

Schließlich gehört zum Führungsfeld des individuellen Aufstiegs die Frage, was passiert, wenn die Beförderungsentscheidung getroffen ist und der ausgewählte Kandidat die neue Aufgabe antritt. Ich beobachte für diesen Zeitpunkt zwei gegensätzliche Verhaltensweisen, die im Ergebnis beide ins Abseits führen. Einerseits versuchen einige ihren Vorgänger als Vorbild zu kopieren. Ich halte diesen Versuch für Zeitverschwendung. Er untergräbt die eigene Individualität und verhindert schon am Anfang, *eigene* Spuren zu hinterlassen. Bedenken Sie:

Kaum ein Künstler ist durch Kopieren berühmt geworden.

Noch häufiger ist wohl der umgekehrte Fall: Kaum in der neuen Aufgabe angekommen, wird »Auf zu neuen Ufern« hinausposaunt – Abgrenzung um der Abgrenzung willen. Die innerbetrieblichen Abläufe werden auf den Kopf gestellt, Abteilungen zusammengelegt, Hierarchiestufen ab- und später wieder aufgebaut. Es bricht eine wahre »Organisitis« aus; kein Stein bleibt auf dem anderen. Das ist genauso wenig hilfreich.

Machen Sie nicht andere – sei es durch Nacheifern oder durch Abgrenzung – zur Richtschnur Ihres Handelns, sondern sich selbst. Welche wahrnehmbaren Besonderheiten haben Sie? Definieren Sie, welche einzigartigen Beiträge zur Wertschöpfung Sie selbst leisten können.

> **Die Richtschnur Ihres Handels nach dem Aufstieg sind Sie selbst.**

f. Fazit: Der Erfolg von gestern ist nicht der Erfolg von morgen

Ich habe Ihnen Prinzipien vorgeschlagen, die für das Führungsfeld des individuellen Aufstiegs Orientierung geben sollen. Aus Sicht der Führungskraft, die Beförderungsentscheidungen trifft:

- Achten Sie für Ihre Beförderungsentscheidungen auf die tatsächlich *bisher* gezeigten *individuellen* Leistungen. Sie sind der sicherste Indikator auch für *zukünftige* Leistungen. Überlassen Sie die vielen Potenzialanalysen Ihren Wettbewerbern.
- Wählen Sie die gängige Praxis des »Gleich und Gleich gesellt sich gern« ab und fördern Sie stattdessen eine Vielfalt unterschiedlicher individueller Prägungen und Einstellungen. Damit werden Kreativität, Innovationen, besondere Produkte und Dienstleistungen, die einen Unterschied machen, wahrscheinlicher. Aber Vorsicht: Wer bunte Vielfalt nach außen proklamiert und Gleichschaltung nach innen praktiziert, erntet Zynismus.
- Fördern Sie Ihre Leistungsträger, so stark es geht.

Und aus Sicht der Aufstiegskandidaten: Hier offenbart der Blick in die Praxis, warum so viele Personen in neuer Aufgabe scheitern: Sie verabschieden sich nicht von den Erfolgsparametern der Vergangenheit. Ich habe Ihnen daher konkrete Fragen vorgeschlagen, mit deren Beantwortung Sie bestens vorbereitet sind auf Ihren nächsten Schritt.

37 Förster/Kreuz, *Alles, außer gewöhnlich*, S. 157.

38 Vgl. hierzu Pelzmann, *Bauplan für ein Sinn erfülltes Leben*, S. 3–5.

39 Vgl. Pelzmann, *Bauplan für ein Sinn erfülltes Leben*, S. 5.

40 Vgl. Conger/Fulmer, *Developing your Leadership Pipeline*, S. 2–8.

4
Individuelle Begleitung –
von verpassten Chancen zur Begegnung

a. Praxisbericht: Es ist fünf vor zwölf!

Dieses Kapitel über individuelle Begleitung adressiert unsere *tagtägliche* Führungsarbeit. Insofern erscheint es mir nicht vermessen, den hier diskutierten Inhalten eine besondere Bedeutung beizumessen. Anders ausgedrückt: Sie können die Führungsaufgaben der individuellen Auswahl, des Einsatzes, des Aufstieges und der Trennung noch so professionell wahrnehmen – wer seine *täglichen* Führungsaufgaben vernachlässigt oder falsch ausführt, wird nie die gewünschten Folgen sehen können. Die Inhalte der einzelnen Kapitel greifen ineinander; wenn ich mich aber darauf beschränken müsste, nur ein Kapitel zur Lektüre anzubieten, dann würde ich Ihnen dieses hier empfehlen. Der Handlungsbedarf ist enorm und inzwischen auch mehrfach empirisch belegt. Nur ein Beispiel: Die Beratungsgesellschaft Towers Perrin führte 2007/2008 zum zweiten Mal eine breit angelegte Studie zum Engagement am Arbeitsplatz in 18 Ländern mit knapp 90 000 Teilnehmern aus größeren und mittelständischen Unternehmen durch. [41)] Die Befragten sollten angeben, inwieweit sie den folgenden Aussagen zustimmen:

- Die Zukunft meines Unternehmens liegt mir wirklich am Herzen.
- Ich erzähle anderen mit Stolz von meiner Tätigkeit in diesem Unternehmen.

Leinen los. Torsten Schumacher
Copyright © 2009 WILEY-VCH Verlag GmbH & Co. KGaA, Weinheim
ISBN: 978-3-527-50475-6

- Meine Tätigkeit gibt mir das Gefühl persönlicher Erfüllung.
- Ich würde mein Unternehmen einem Freund als guten Arbeitgeber empfehlen.
- Mein Unternehmen inspiriert mich, mein Bestes zu geben.
- Ich sehe, wie meine Einheit/Abteilung zum Erfolg des Unternehmens beiträgt.
- Ich verstehe, wie meine Funktion mit den übergeordneten Zielen und der Ausrichtung des Unternehmens zusammenhängt.
- Ich bin bereit, mich über die normalen Erfordernisse hinaus anzustrengen, um meinem Unternehmen zum Erfolg zu verhelfen.
- Ich bin persönlich motiviert, meinem Unternehmen zum Erfolg zu verhelfen.

Na, wird Ihnen mulmig zumute, wenn Sie sich vorstellen, Ihre Leute würden die gleichen Fragen beantworten? Sie sind in bester Gesellschaft – die Ergebnisse sind so eindeutig wie niederschmetternd: Ganze 14 Prozent sind mit Leidenschaft bei der Sache. Mit anderen Worten: Sechs von sieben Menschen geben für ihre Aufgaben deutlich weniger, als sie könnten! Sie befinden sich entweder in innerer Kündigung oder in unentschiedenen Grauzonen zwischen Engagement und Dienst nach Vorschrift. Diese Befunde sind alarmierend und inakzeptabel!

> Empirisch belegt: eine skandalöse Vergeudung menschlicher Leistungsfähigkeit.

Also: Es gibt in der täglichen individuellen Führung viel zu tun. Sehr viel sogar. Es ist tatsächlich fünf vor zwölf (in manchen Organisationen noch später). Ich kristallisiere daher in den nachfolgenden sieben grundsätzlichen Überlegungen zunächst heraus, wie die Leitplanken einer wirksamen individuellen Begleitung aussehen; oder, pointierter formuliert: Was sind die Prinzipien, nach denen die besten Führungskräfte ihre tägliche Führungsarbeit ausrichten? Wodurch unterscheiden sie sich von der grauen Masse? Was trennt die Spreu vom Weizen? Im Anschluss vertiefe ich wiederum diejenigen Aspekte, die für die tägliche Führungsarbeit von besonderer Bedeutung sind. Dabei werden Sie feststellen, dass ich auch hier jedweder Form von Modewellen, Verkomplizierungen und Führungs-Schnickschnack eine deutliche Absage erteile. Was wir stattdessen benötigen, wahrscheinlich mehr denn je, ist eine Rückbesinnung auf eher einfache Tugenden und Grundsätze praktischer Vernunft. Doch sehen Sie selbst.

b. Prinzipien individueller Führung

Erstes Prinzip: Vertrauen schaffen

Ein großes Wort. Zunächst der einfache und inzwischen wohl auch unumstrittene Teil: Vertrauen ist *das* wesentliche Fundament für belastbare, wirksame und lebensfreundliche[42] individuelle Beziehungen in unseren Unternehmen. Mehr noch: Je größer das in einer Organisation vorhandene Vertrauen, desto stärker sinkt die Anfälligkeit gegen Krisen. Zudem sorgt Vertrauen für Veränderungsbereitschaft und -fähigkeit. Es ist Vertrauen, das die Grundlage gerade auch für unbequeme Entscheidungen und Veränderungsprozesse schafft. Je stärker individuelle Beziehungen und die Organisation insgesamt durch Vertrauen geprägt sind, desto leichter werden Meinungsverschiedenheiten, Rückschläge und Krisenzeiten mit unsicheren wirtschaftlichen Rahmenbedingungen verkraftet. Da ich mich an anderer Stelle[43] bereits ausführlich mit den gängigsten Missverständnissen über Vertrauen beschäftigt habe, konzentriere ich mich hier auf die sich damit aufdrängende Frage: Wie kann Vertrauen *geschaffen* werden?

Die aus der Management-Literatur und auch der entsprechenden wissenschaftlichen Forschung kommenden Antworten hierauf sind immer noch recht dünn. Sie beschränken sich meist auf das, was die Angelsachsen so wunderbar konzentriert »*walk the talk*« nennen. Also: Vertrauen schafft, wer seine Ankündigungen und Versprechen auch einhält und dabei auf Ausreden und Alibis verzichtet. Zwar glaube ich, dass die wirksamsten Führungskräfte es in der Tat nicht nötig haben, sich hinter den Umständen, dem Wettbewerb, der Globalisierung oder mysteriösen Verschwörungstheorien zu verstecken. Dieses selbstverantwortliche Handeln macht sie glaubwürdig und überzeugend. Allerdings habe ich nach zwanzig Jahren Management-Beratung immer noch ernste Zweifel, ob ein »*walk the talk*« allein ausreichen kann, um belastbares Vertrauen zu *schaffen*. Es mag ausreichen, um eine schon bestehende Vertrauensbeziehung nicht zu beschädigen und aufrechtzuerhalten. Aber mir geht es um eine ganz andere Frage: die *Schaffung* von Vertrauen. Für diese natürlich viel anspruchsvollere Aufgabe müssen nach meiner Überzeugung und Beobachtung drei Zutaten hinzukommen.

Erstens ist es entscheidend, den ersten Schritt in eine Vertrauensbeziehung hineinzugehen. Und zwar ohne Bedingung und irgendwelche Wenn und Aber. Reinhard Sprenger hat in diesem Zusammenhang darauf hingewiesen, dass nur wer *sich verwundbar macht*, einen Vertrauensprozess in Gang setzen kann.[44)] Ich sehe diesen Gedanken durch unzählige Beobachtungen in meiner Beratungsarbeit bestätigt. Sich verwundbar machen, kann in der Praxis, in Ihrer täglichen Führungsarbeit, beispielsweise bedeuten, Ihre Kundenkontakte nicht im Tresor verschlossen zu halten, sondern zu teilen. Denken Sie jetzt, ich sei völlig übergeschnappt? Probieren Sie es aus – Sie werden überrascht sein von der verpflichtenden Wirkung, die hiervon ausgeht. »Aber das kann doch ausgenutzt werden!« Richtig, diese Möglichkeit ist sozusagen integraler Bestandteil des Vertrauensprozesses, den Sie gestartet haben. Nützlicher Nebeneffekt: Sie erhalten eine sichere Indikation dafür, wer sich primär selbst optimiert und Sie daher auszunutzen versucht. Diese Leute sollten zukünftig besser nicht mehr auf der Gehaltsliste stehen.

> »Wer Vertrauen schaffen will, muss sich verwundbar machen. Das so geschaffene Vertrauen entfaltet eine ungeheuer starke, verpflichtende Wirkung. Die Kette Verwundbarkeit – Vertrauen – Verpflichtung stellt alle gängigen Versuche, Vertrauen zu schaffen, mitsamt den dazugehörigen Hochglanz-Appellen in den Schatten.«[45]

Zweitens, müssen wir die selbst geschaffenen Verreglementierungen in unseren Unternehmen dringend abbauen. Hier sind wir genau beim normierenden Werkzeugkasten, den wir in Teil A abgewählt haben; er verhindert die Entstehung vertrauensbasierter individueller Beziehungen und einer Vertrauenskultur insgesamt. Wer gedanklich immer noch am Werkzeugkasten hängt, sollte ihn allerspätesten mit dieser Erkenntnis schließen. Wir müssen uns folgende Zusammenhänge immer wieder, schonungslos und ohne jegliche Verklärung, vor Augen führen: Wer seine Eingangskorridore mit Zeiterfassungsmaschinen pflastert, der vertraut nicht darauf, dass seine Leute auch ohne dieses Reglementierungsmonstrum einen ordentlichen Job machen. Er vertraut nicht einmal darauf, dass sie die vereinbarte Zeit innerhalb der Firmenwände verbringen. Wer die betrieblichen Abläufe in sechshundertseitige Handbücher presst, der vertraut nicht darauf, dass die Beteiligten diese Aufgabe mit wachem Verstand und praktischer Vernunft lösen können. Wer Arbeitsverträge über zwanzig Seiten erstellt, der geht davon aus, dass sein Gegenüber gedanklich schon beim Arbeitsgericht ist. Wer fette Boni in Aussicht stellt, der vertraut nicht darauf, dass sich seine Leute für das Unternehmen einsetzen und ihr Bestes geben. Wer für die Leistungsbeurteilung komplizierte Analysegitter und Bewertungsschemata entwickelt, der vertraut nicht darauf, dass seine Führungskräfte diese Aufgabe mit ihrem Urteilsvermögen wahrnehmen können. Und so weiter und so weiter. Die Liste ließe sich leicht verlängern. Der Ausschnitt sollte jedoch ausreichen, um diesen Zusammenhang klarzustellen:

> Der Normierungs-Werkzeugkasten verhindert, dass Vertrauen entstehen kann. Wer ihn schrittweise abwählt, macht damit unwiderrufliche und für alle sichtbare Einzahlungen auf das Vertrauenskonto.

Drittens müssen wir die Verreglementierung nicht nur strukturell durch die Abwahl des Werkzeugkastens, sondern auch praktisch in der täglichen Führungsarbeit abbauen. Der Blick in die Praxis zeigt ein – wohlwollend bewertet – gemischtes Bild. Immer wieder werden Freiräume und Handlungsmöglichkeiten eingeschränkt. Immer wieder greifen sogenannte Führungskräfte in die operative Arbeit ihrer Leute ein, korrigieren hin und her und versuchen, bis ins kleinste Detail die Umsetzung einer besprochenen Aufgabe zu verfolgen. Bedenken Sie Folgendes: Wer seine Leute nachhaltig in die innere Kündigung schicken will, der beschreitet mit genau diesem Verhalten den sichersten Weg dorthin. Um nicht missverstanden zu werden: Ich plädiere hier keineswegs dafür, dass jeder tun kann, was er will. Daraus würde sich ein falsch verstandenes Vertrauen ableiten, das nicht belastbar ist sowie gegenstandslos und nicht greifbar dahinwabert. Es kommt mir auf das richtige Maß von Einwirkung und Kontrolle an. Kontrolle und Vertrauen sind *kein* Widerspruch. Ich gehe noch einen Schritt weiter: Sie gehören zusammen; ja sie bedingen einander. In diesem Sinne ist notwendige Kontrolle gerade die Voraussetzung dafür, dass ein belastbares Vertrauen entstehen und bestehen kann. Für begründetes Vertrauen muss demnach sichergestellt werden, dass es nicht missbraucht wird.[46)] Kontrolle also ist notwendiger Bestandteil einer Vertrauensbeziehung, gleichzeitig sind Kontrollpunkte in der Praxis auf ein Minimum zu beschränken.

Pointiert zusammengefasst:

Kontrolle ist gut; Vertrauen ist besser.

Die wirksamsten Führungskräfte ersetzen daher Verreglementierung und Werkzeugkasten durch eine konsequente Orientierung an *Ergebnissen*. Das Einzige, was sie interessiert, sind Resultate. *Wie* diese erreicht werden, welche Wege ihre Leute für deren Erreichung einschlagen, ist ihnen weitestgehend egal. Worauf sie allerdings genau achten ist, dass sie jeden Einzelnen nach seinen *individuellen Stärken* einsetzen; nicht nach Stellenbeschreibungen oder der Gliederung des Organisationshandbuches. Sie haben erkannt, dass die Wege zu den verabredeten Ergebnissen so unterschiedlich sein werden – ja sein müssen – wie die Menschen selbst. Sie haben erkannt, dass wir in den meisten Unternehmen und Verantwortungsbereichen mehr Vielfalt und weniger Einheitsbrei benötigen. Aus innerer Überzeugung räumen sie weitestmögliche Handlungs- und Gestaltungsfreiheiten ein. Natürlich sind solche Handlungs*räume* eben Räume und Räume haben Grenzen. Niemand soll das Tafelsilber mitgehen lassen. Aber diese Grenzen so *weit* wie möglich und nicht eng abzustecken; das ist die Aufgabe wirksamer, Vertrauen schaffender Führung in diesem Zusammenhang und das haben die besten Führungskräfte sehr genau verstanden. Ihre Leitlinie für die Grenzziehung könnte etwa lauten, dass der Erfolg des betroffenen Bereiches oder der Abteilung nicht gefährdet werden darf.

Deshalb:

Werden Sie nicht von der *Führungs*kraft zur *Fürsorge*kraft.

Etwas Weiteres kommt hinzu. Die konsequente Orientierung an Ergebnissen zahlt nicht nur auf das Vertrauenskonto ein. Sie fördert zugleich etwas, das wir alle in unseren Unternehmen herbeisehnen: *belastbare Motivation*, die auf marktschreierische Hurra-Reden und Einpeitscherparolen verzichten kann. Warum ist das so? Es ist so, weil Motivation primär aus *Ergebnissen*, aus der erzielten individuellen Leistung bzw. dem eigenen Beitrag, entsteht – und nicht etwa aus der einzelnen Tätigkeit, wie all diejenigen behaupten, die effekthaschend nach ständiger Abwechslung rufen. Zwei eigene Beispiele hierzu als Illustration: Diese Seite hier zu schreiben – also die *Einzeltätigkeit* – und einzelne Formulierungen während der Entstehungsgeschichte des Buches womöglich zweimal umzuformulieren, das ist nun wirklich nicht motivierend. Das fertige *Ergebnis* allerdings in der Hand zu halten und die Inhalte in einem Vortrag mit interessierten Führungskräften zu diskutieren, das ist in höchstem Maße motivierend. Oder im privaten Bereich: Jeder, der ein Haus gebaut oder saniert hat, wird den Unterschied leicht nachvollziehen können. Wenn Sie beispielsweise beim Gewerk »Elektroinstallation« die Angebote prüfen und bei Position fünfundvierzig feststellen, dass das Komma an der falschen Stelle steht – also *Einzeltätigkeit* –, dann ist auch das nicht wirklich motivierend. Im Gegenteil, es kann geradezu ätzend sein. Das *Ergebnis* allerdings, also mit der Familie in den eigenen und neuen vier Wänden zu wohnen, ist dann wiederum (hoffentlich) in höchstem Maße motivierend. Wer diesen Zusammenhang – Motivation kommt aus Ergebnissen – verinnerlicht, der weiß bereits 50 Prozent dessen, was zum vieldiskutierten und meistens missinterpretierten Phänomen der Motivation wichtig und richtig ist. Die andere Hälfte sehen wir uns nun im zweiten Prinzip an.

Zweites Prinzip: Wahlmöglichkeiten schaffen

Über wenige Management-Phänomene ist in den vergangenen zwanzig Jahren so viel dummes Zeug geschrieben und gesagt worden wie über das der Motivation. Alle sehnen sich danach, motivierte Mitarbeiter, Chefs, Kunden und Lieferanten zu haben. Genauso im persönlichen Bereich: Wer wünscht sich nicht motivierte Partner und Kinder? Meine These und praktische Erfahrung ist: Alles, was Sie über das vielfach zitierte und meistens missbrauchte Phänomen Motivation zu wissen brauchen, lässt sich – neben der beschriebenen Orientierung an Ergebnissen als Motivationsquelle – in folgendem Satz zusammenfassen:

Motivation setzt *Wahlmöglichkeiten* voraus.

Ich stelle dabei Wahlmöglichkeiten in ihrer Bedeutung als Motivationsquelle noch über die Ergebnisorientierung. In genauerer Reflexion meiner Zusammenarbeit mit unzähligen Führungskräften komme ich dabei zu folgender Differenzierung: Während das Erreichen von Ergebnissen und individuellen Beiträgen motivations*fördernd* ist, sind Wahlmöglichkeiten überhaupt erst die *Voraussetzung* dafür, dass eine belastbare Motivation, die auch bei unangenehmen Entscheidungen und in Krisensituationen stabil bleibt, entstehen kann.

Wer aus verschiedenen Alternativen *selbst* auswählen kann, der trifft eine *eigene* Entscheidung. Mit mechanischer Sicherheit wird er motivierter, engagierter und auch belastbarer an die entsprechende Aufgabenstellung herangehen. Des Weiteren haben Wahlmöglichkeiten die gleiche positive Wirkung auf das Thema Verantwortung; auch Verantwortung setzt voraus, wählen zu können. Übrigens nicht nur in unseren Unternehmen; in jedem Lebensbereich. Ein kleiner Seitenblick, den jeder kennt, der Kinder hat: Schon ein einfaches »Du kannst wählen, ob du die Matheaufgaben jetzt oder heute Nachmittag nach der Fahrradtour machst« entfaltet enorme Wirkungen individueller Verantwortung. Häufig sind die Aufgaben erledigt, bevor die Fahrradtour beginnt.

Mein Plädoyer ist so einfach wie wirkungsvoll:

> Schaffen Sie in Ihrer Führungsarbeit Wahlmöglichkeiten, wo immer es geht.

Ich werde im nächsten Abschnitt praktische Umsetzungswege für dieses überragend wichtige Prinzip Ihrer täglichen Führungsarbeit aufzeigen.

Drittes Prinzip: sich mit den besten Leuten umgeben

Die Forderung, sich mit den besten Leuten zu umgeben, klingt naheliegend, fast trivial. Allerdings haben erstaunlich viele Führungskräfte offensichtliche Schwierigkeiten damit, dieses dritte Prinzip umzusetzen. Warum ist das so? Meine erfahrungsgestützte These ist, dass sie im Kern befürchten, andere aus ihrem engsten Umfeld könnten besser sein als sie selbst. Damit haben die besten Talente bereits eine mentale Absage erhalten. Stattdessen gruppiert sich das Mittelmaß; Leute, die vorher nie aufgefallen sind, zumindest nicht positiv. »Das Versammeln von Schwächlingen, Günstlingen und Ja-Sagern ist ein sicheres Anzeichen für schwache Führung.«[47] Wer so vorgeht und für sich reklamiert, in allen Facetten des Geschäftes die Nase vorn zu haben, wird einen steinigen Weg gehen müssen. Und wenn viele so denken, muss sich die Organisation als Ganzes vom Gedanken des Spitzenunternehmens verabschieden. Und zwar endgültig.

Die besten Führungskräfte treffen dagegen ihre Auswahl- und Beförderungsentscheidungen so, dass sie sich tatsächlich mit den Besten umgeben. Nicht mit denen, die nur überdurchschnittlich sind in ihrem bisherigen Werdegang; schon gar nicht mit denen, die noch nie durch besondere

Leistungen aufgefallen sind und damit der grauen Mehrheit angehören. Sie wollen die Menschen in ihrer unmittelbaren Arbeitsumgebung, die bisher schon Herausragendes geleistet haben und von denen daher auch zukünftig herausragende individuelle Beiträge zu erwarten sind.

Aufschlussreich ist auch der Blick in die andere Richtung: Immer wieder zeigt sich, dass diejenigen, die in den frühen Jahren ihrer beruflichen Entwicklung – idealerweise in der ersten Aufgabe – einen wirkungsvollen Chef hatten, der etwas von guter und richtiger individueller Führung verstand, damit einen unschätzbaren Vorteil mit auf den weiteren Weg bekamen. Es sind diese frühen Erfahrungen, die häufig den weiteren beruflichen Weg in besonderer Weise prägen. Nicht selten werden diese Menschen später selbst zu guten Führungskräften.

Viertes Prinzip: an der Sache orientiert

Wer die besten Talente um sich schart, wird im nächsten Schritt mit ihnen einen ehrlichen, offenen, konstruktiven und damit hochwertigen Diskurs *in der Sache* führen, der keine Rücksicht zu nehmen braucht auf Schulterklappen, Betriebszugehörigkeit, soziale Erwünschtheit und firmenpolitische Korrektheit. Das heißt allerdings nicht, dass diese Führungskräfte keine starke, ausgeprägte eigene Meinung hätten; das Gegenteil ist meistens der Fall. Nur sind sie geradezu allergisch gegen schleimige Ja-Sager.

Auch im Verhältnis zu anderen Führungskräften und den eigenen Chefs verzichten sie auf politische Ränkespielchen, Machtdemonstrationen, Inszenierungen der eigenen Unersetzlichkeit, persönliche Eitelkeiten und egomanische Selbstinszenierungen. Schließlich sind ihnen auch Statussymbole nicht wirklich wichtig: Firmenwagen? Ihnen ist Hybridantrieb wichtiger als fette Ausstattung. Größe des Büros? Sie wissen, dass Eleganz, Stil, Funktionalität und angenehme Bescheidenheit keine Widersprüche sind. Handy? Sie wissen, wozu der grüne und der rote Knopf da sind. Und die tollen Hengste, die direkt nach dem Landeanflug dicht gedrängt im Gang der Lufthansa-Maschine stehen und schon wieder darauf herumhacken, finden sie nur lächerlich. Apropos Lufthansa: Businessklasse für innereuropäische Flüge? Nur Dummköpfe und Wichtigtuer zahlen für ein Labber-Brötchen mehrere Hundert Euro.

Wie hoch der Anteil dieser Führungskräfte ist? Ich denke, dreißig Prozent ist schon eine optimistische, wohlwollende Schätzung. [48]

Fünftes Prinzip:
Erfolge anderer nicht für sich reklamieren

Wer das vierte Prinzip beherzigt, wird in aller Regel auch nicht auf die Idee kommen, die individuellen Erfolge und Beiträge anderer für sich zu reklamieren. Der Blick in die Praxis zeigt jedoch ein ernüchterndes Bild: Ein inakzeptabel hoher Anteil so genannter Führungskräfte verstößt gegen genau dieses Prinzip und verspielt damit jegliche Glaubwürdigkeit.

Kein Widerspruch: starke eigene individuelle Leistungen *plus* angenehme Bescheidenheit.

Die besten Führungskräfte machen dagegen unmissverständlich klar, wer aus ihrer Mannschaft welche individuellen Beiträge geleistet hat. Sie tun dies nicht nur innerhalb des eigenen Verantwortungsbereiches, sondern auch und gerade im größeren Führungskreis.

Sechstes Prinzip: einfach mal die Klappe halten

Ich weiß, höflich ist das nicht gerade formuliert. Aber ich beobachte nahezu täglich so viel Schindluder in diesem Zusammenhang, dass ich befürchte, mit einer Formulierung wie »den eigenen Leuten mehr zuhören« nicht durchzudringen. Es scheint geradezu eine physikalische Gesetzmäßigkeit zu geben, die die Redezeit an die Hierarchiestufe koppelt. Je größer die Schulterklappen, desto länger kommt kein anderer zu Wort. Das ist absurd. Nur wer seinen Leuten wirklich aufmerksam und regelmäßig zuhört, wird deren Ideen, Erfahrungen und Pläne, aber auch Sorgen kennenlernen. Mark Twain sagte: »Wenn wir da wären, um mehr zu reden als zuzuhören, dann hätten wir zwei Münder und ein Ohr.« Dem ist nichts hinzuzufügen. Also, zur Wiederholung:

Einfach mal die Klappe halten.

Nur so können wir erfahren, was unsere Leute bewegt, was sie antreibt. Vielleicht sogar, wenn wir es besonders gut machen, wo ihre *Leidenschaft* liegt. Und denken Sie daran: Leidenschaft zieht wirtschaftlichen Erfolg nach sich. Mit Sicherheit.

Siebtes Prinzip: keine Rollen spielen

Ich schließe die Prinzipien guter und richtiger individueller Führung mit der Forderung, keine Rollen zu spielen. Wer versucht, Gemeinsamkeiten bei den erfolgreichsten und besten Führungskräften zu entdecken, wird enttäuscht sein: Es gibt solche Gemeinsamkeiten nicht. [49] Manche haben in zwei Fächern promoviert, andere die Schulausbildung abgebrochen – sie sind als Führungskraft genauso wirksam. Einige haben in unterschiedlichen Unternehmen gearbeitet, andere in nur einer Organisation ihr Berufsleben verbracht – über ihre Wirksamkeit als Führungskraft sagt dies nichts aus. Manche sind extrovertiert und kommen mit anderen leicht ins Gespräch, andere dagegen wirken fast schüchtern – sie sind genauso wirksam. Manche achten sehr auf ihr äußeres Erscheinungsbild, andere dagegen haben hierfür offensichtlich noch nie einen Gedanken aufgebracht – ihre Wirksamkeit als Führungskraft ist unabhängig davon. Und so weiter. Aus meiner Sicht gibt es nur diese eine Gemeinsamkeit: Sie alle sind authentisch; sie gehen ihren *eigenen* Weg – und lassen sich nicht verbiegen von den sogenannten Zwängen der Organisation oder des Marktes. Die aufmerksamen Leser werden erkannt haben, dass dieses Prinzip eng verbunden ist mit der Forderung nach *innerer Unabhängigkeit*, die ich als erstes und wichtigstes Prinzip guter und richtiger individueller Auswahl eingeführt habe.

> **Bleiben Sie authentisch. Immer.**

Leider weichen auch diejenigen, die meine Forderung »eigentlich« (Achten Sie auf die Wortwahl: Wer *eigentlich* etwas will, der will es nicht wirklich. Kommen Sie mal nach Hause und sagen: »Schatz, *eigentlich* war ich dir treu.«) richtig finden, in der Praxis immer wieder hiervon ab. Die Liste billiger Ausreden ist lang. Zwei häufige Beispiele: »Der Kunde wäre abgesprungen, wenn ich authentisch geblieben wäre und ihm gesagt hätte, dass wir einen Teil der gefragten Leistungen nicht selbst anbieten können.« Einspruch! Neun von zehn Kunden schätzen ehrliche, offene, authentische Partner. Im Übrigen springt er später sowieso ab, wenn er merkt, dass ihm etwas vorgegaukelt wurde. Nur ist er dann für immer verloren. Oder: »Mein Projektleiter wäre zusammengebrochen, wenn ich ihm schonungslos gesagt hätte, wie schlecht er bei der Präsentation war.« Wieder Einspruch! Unsere Leute brechen nicht zusammen, weil wir sie mit authentischem, offenem und konstruktivem Feedback konfrontieren, sondern weil sie *zu wenig* hiervon bekommen!

Im Folgenden stelle ich Ihnen die vier Herzstücke guter und wirksamer individueller Führung vor: Wahlmöglichkeiten, den Abgleich der gegenseitigen Erwartungen, die individuelle Rückversicherung und wirksames Feedback. Wer diese vier Elemente weitgehend beherrscht und wirklich verinnerlicht hat, der kann sich eine ganze Reihe handwerklicher Fehler an anderer Stelle erlauben – er wird dennoch große Erfolge in seiner Führungsarbeit feiern können.

c. Wahlmöglichkeiten schaffen – Pflicht und Kür

Ich habe in den Führungsprinzipien erläutert, dass mit Wahlmöglichkeiten erst die *Voraussetzung* dafür geschaffen wird, dass eine dauerhafte und belastbare Motivation entstehen kann. In diesem Abschnitt geht es mir darum, Ihnen praktische Wege für die Umsetzung dieses wichtigen Prinzips in Ihrem Führungsalltag aufzuzeigen. Für die Ausgestaltung dieser konkreten Umsetzungswege sollten der Fantasie keine Grenzen gesetzt sein. Das »Pflichtprogramm« umfasst zunächst natürlich den konsequenten Abbau des Normierungs-Werkzeugkastens. Es ist wirklich frappierend: Wer ihn mitsamt seinen Reglementierungsmonstren abwählt, schafft die Voraussetzung dafür, dass Vertrauen *und* Motivation eine Chance bekommen. Wir alle beklagen, dass genau diese beiden Führungskategorien unterentwickelt sind, wir alle wollen sehnlichst mehr davon, haben aber gleichzeitig mit dem Abbau des Werkzeugkastens eine konkrete Handlungsoption direkt vor der Nase. Packen Sie sie an! Gehen Sie bei der Entschlackungskur schrittweise vor. Binden Sie dafür Ihre Leute ein, denn die wissen sehr genau, welche Fächer des Führungs-Werkzeugkastens nicht nur keine Wirkungen entfalten, sondern großen Schaden anrichten. Je mehr Ballast Sie über Bord werfen, desto stärker werden die positiven, befreienden Wirkungen sein – für Ihre Mannschaft und für Sie selbst.

Sehen wir uns ein Fach des Werkzeugkastens exemplarisch an: die in Teil A des Buches bereits erwähnten *Reisekostenverordnungen.* Ich wähle bewusst dieses eher banal anmutende Beispiel, weil es zeigt, dass Wahlmöglichkeiten auf vielfältigste Art und Weise und in unzähligen Facetten des betrieblichen Alltages geschaffen werden können. Meine Empfehlung ist, obwohl sie für manche radikal erscheint, einfach: Räumen Sie dieses Fach des normierenden Werkzeugkastens ganz leer; streichen Sie Ihre Reisekostenverordnung, werfen Sie sie in den Papierkorb und ersetzen Sie sie durch folgende Absprache unter erwachsenen Menschen: Erstatten Sie denjenigen, die auf Geschäftsreisen sind, eine pauschale Summe pro Tag. Es werden sich zwei verschiedene Wirkungen einstellen: Zum einen sinken die Verwaltungskosten; dieser Effekt liegt auf der Hand, ist in seiner Größenordnung relativ leicht abschätzbar und sofort umsetzbar. Die zweite Wirkung ist jedoch die nach meiner Überzeugung viel wichtigere und weiter- bzw. tiefergehende: Sie schaffen mit dieser einfachen Absprache *Wahlmöglichkeiten* und fördern damit belastbare, dauerhafte Motivation. Denn derjenige, der sich beispielsweise auf einer zweitägigen Geschäftsreise befindet, kann nun *wählen.* Vielleicht wählt er ein Hotel der oberen Mittelklasse, für das die pauschale Summe pro Tag gerade ausreicht. Oder er wählt anders und gönnt sich ausnahmsweise das Ritz Carlton, weil er einmal in seinem Leben erfahren möchte, was Service bedeuten kann. Es ist seine *eigene* Entscheidung; deswegen fällt es ihm auch leicht, den Differenzbetrag aus eigener Tasche beizusteuern. Es kann aber auch sein, dass er schon in der folgenden Woche wiederum ganz anders wählt und für 49 oder 59 Euro im Motel One übernachtet. (Diese noch junge Low-Budget-Marke ist derart erfolgreich, dass man inzwischen mit längerem Vorlauf reservieren muss, um noch eines der begehrten Zimmer zu ergattern.) Vom ersparten Betrag kauft er seiner Frau einen Blumenstrauß – und sich selbst eine Eintrittskarte für das Weserstadion ...

Wer die Fächer des normierenden Werkzeugkastens entrümpelt, eröffnet Wahlmöglichkeiten und schafft damit eine Motivation, die die üblichen Anreiz- und Belohnungsrituale nicht nur wirkungs- und bedeutungslos macht, sondern geradezu lächerlich erscheinen lässt.

Dann der Aufbau von Wahlmöglichkeiten in der täglichen Führungsarbeit: Verabreden Sie lediglich Ziele und Ergebnisse mit Ihren Leuten und überlassen Sie es jedem Einzelnen, seinen ganz *eigenen* und damit *individuell besten* Weg dorthin zu finden. Die einzelnen Wege werden sich unterscheiden. Die mit diesem Führungshandeln einhergehende Freiheit ist im Übrigen auch Voraussetzung dafür, dass sich individuelle Stärken entfalten können. Verabreden Sie für größere Aufgaben gegebenenfalls Meilensteine; Zwischenstationen sozusagen, an denen Sie wieder zusammenkommen und über den aktuellen Stand reflektieren. Besprechen Sie, ob die ursprünglich getroffenen Vereinbarungen weiter Bestand haben können, oder ob es Anpassungen geben muss. Und für alles gilt: Diktieren Sie nicht; lassen Sie Ihre Leute in die Verantwortung, Vorschläge zu entwickeln, und stellen Sie sich als Sparringspartner, der durchaus kritisch hinterfragen kann, zur Verfügung. Schließlich: Spitzen Sie Ihre Ohren und hören Sie so aufmerksam zu, wie es nur geht. Dazu ein eigenes Beispiel aus der Zeit, als ich noch Partner in einem der großen, internationalen Beratungshäuser war. Es kam in ähnlichen Ausprägungen immer wieder vor und ich bin sicher, dass es sich spielend leicht auf Ihre individuellen Führungssituationen übertragen lässt: Der Projektfahrplan war von Beginn an äußerst ambitioniert und durch verschiedene Verzögerungen, die wiederum unterschiedliche Ursachen hatten, droht nun der Abgabetermin der Endpräsentation nicht eingehalten zu werden. Der Leiter dieses Projektes, nennen wir ihn Paul Pasewald, kommt auf mich zu: »Wir können den Termin am Montag auf keinen Fall halten.« Heute ist Mittwoch und in der Tat sieht Paul recht verzweifelt und überarbeitet aus. In dieser Sekunde entscheidet sich Ihre Wirksamkeit als Führungskraft. Wer sofort das Zepter an sich reißt und das Problem von Projektleiter Pasewald löst, wird ihn verlieren. Lassen Sie ihn in der Verantwortung! *Er* ist für die operative Führung des Projektes verantwortlich und muss es auch bleiben. Stellen Sie offene, wirksame Fragen, beispielsweise:»Welche Alternativen kommen in Betracht?« Und:»Wo liegen jeweils Vor- und Nachteile?« So entwickeln Sie gemeinsame Lösungsansätze. Am Ende der Diskussion hatte Paul die Wahl zwischen zwei realistischen und praktikablen Varianten: entweder intern ein Team zusammenstellen, das die Fertigstellung der Präsentation bis zum ursprünglichen Termin unterstützt, oder den Kunden anrufen, um eine Verschiebung zu erörtern (was übrigens in vielen Fällen viel leichter geht, als wir denken). Ich werde dieses Beispiel weiter unten wieder aufgreifen, wenn ich erläutere, wie ein gutes, professionelles Feedback aussieht.

Führung heißt individuelle Suchprozesse auszulösen.

Des Weiteren: Reden Sie nicht in das operative Tagesgeschäft Ihrer Mannschaft hinein, sondern machen Sie – das allerdings unmissverständlich – klar, dass Sie als Sparringspartner zur Verfügung stehen. Drehen Sie damit den Spieß um: Im Zweifelsfall und bei Problemen kommen Ihre Leute auf Sie zu; nicht andersherum. Eine interessante Beobachtung in diesem Zusammenhang: Viele Führungskräfte versuchen durch ihre offen stehende Bürotür zu signalisieren:»Seht her, hier bin ich; ständig präsent und ansprechbar für euch!« Ich bin davon überzeugt, dass das Gegenteil der Fall ist. Die ständig offene Tür des Chefs ist ein Bärendienst. Sie kommt zwar partizipatorisch daher und ist sozialromantisch motiviert, hat aber mit guter, wirksamer Führung rein gar nichts zu tun. Konzentriertes Arbeiten ist schwer genug geworden in unserer heutigen Organisations- und Kommunikationsrealität. Wen dann noch ein schlechtes Gewissen plagt, nur weil er mal die Tür schließt, der hat einen steinigen Weg vor sich. Die besten Führungskräfte könnten sich dagegen hinter einer Tresortür verschanzen; ihre Leute wissen ganz genau, dass sie tatsächlich für sie da sind, wann immer es Probleme gibt.

Soweit einige Elemente des Pflichtprogramms. Es sind naheliegende Vorschläge, mit denen Sie bereits eine ganze Reihe verschiedener Wahlmöglichkeiten schaffen können. Wer jedoch einen wirklichen Unterschied machen will, wer seine Mannschaft wirklich überraschen will, der sollte einen Schritt weiter gehen. Ich plädiere deshalb eindringlich dafür, dass Sie über die genannten Punkte hinausdenken. Leicht gesagt, ich weiß. Bitte anschnallen, jetzt wird es anspruchsvoll. Ich werde Ihnen den Weg für dieses »Darüberhinaus denken« aufzeigen und anschließend mit Beispielen illustrieren. Wer diesen zusätzlichen Schritt zu gehen bereit ist, der muss die *unerschütterlichen Überzeugungen* der Organisation bzw. seines Verantwortungsbereiches infrage stellen. Damit meine ich diejenigen lieb gewonnenen strategischen Annahmen, Verhaltensweisen und ungeschriebenen Gesetze, die von niemandem mehr infrage gestellt werden. Sie werden angewendet, ohne zu hinterfragen, ob sie überhaupt (noch) sinnvoll sind.

Die Kür: unerschütterliche Überzeugungen aufdecken.

Nach meiner Erfahrung helfen hierbei die folgenden Fragen:

- Welche unerschütterlichen Überzeugungen spiegeln eine Realität wider, die Sie gerne ändern würden?
- Inwieweit wird die Organisation durch die Überzeugung gestärkt oder geschwächt?

- Welche Beispiele fallen Ihnen ein, die der Überzeugung widersprechen?
- Welche Alternativen gibt es zu der unerschütterlichen Überzeugung?
- Warum ist die Überzeugung überhaupt vorhanden?
- Inwieweit dient die Überzeugung den Interessen derer, die daran festhalten?
- Welche Personen teilen die Überzeugung nicht?
- Warum finden diese Leute kein Gehör?

Ich habe dieses Vorgehen in meiner Beratungsarbeit mehrfach angewendet. In allen Fällen entstanden Diskussionen zwischen den Beteiligten, die in punkto Intensität, Meinungsunterschiede und konstruktiver Reibung um der Sache willen aus dem üblichen Miteinander herausragten. Lesen Sie nun einige typische Beispiele für unerschütterliche Überzeugungen:

Beispiel 1: Gearbeitet wird von Montagmorgen bis Freitagnachmittag – schließlich machen das alle so. Selbst die Tatsache, dass wir jeden Samstag überall in langen Schlangen stehen, macht uns nicht stutzig. Wie wäre es damit, diese antiquierte Verhaltensschablone, deren mentale Grundlage mehr als einhundert Jahre alt ist, endlich in den Papierkorb zu werfen und damit ungeahnte Wahlmöglichkeiten zu schaffen?

Beispiel 2: Die Arbeitsteilung zwischen den Bereichen oder Abteilungen ist festgefahren und scheint in Beton gegossen. Wie wäre es damit, nicht die »historisch gewachsene«, sondern die für das Unternehmen sinnvolle Arbeitsteilung zwischen den Abteilungen zu entwerfen? Der Entwurf entsteht auf einem weißen Blatt Papier. Und die Architekten dürfen nicht die heutigen Abteilungsleiter sein! »Das geht doch nun wirklich nicht!« Sehen Sie: unerschütterliche Überzeugungen ...

Beispiel 3: Wer über viele Ressourcen verfügt, hat Macht, Einfluss und Status. Was für ein antiquierter Blödsinn. Der wichtigste Mann ist in dieser Denkhaltung der Friedhofsgärtner, denn der hat Hunderte oder Tausende »unter sich« ... Ich kann nur dringend empfehlen, dieses überall dominierende Dogma erstens aufzudecken und zweitens abzuwählen. Wie wäre es stattdessen damit, die besten Talente aus dem eigenen Verantwortungsbereich wählen zu lassen, wo im *Gesamt*unternehmen die attraktivsten Projekte und Initiativen liegen. »Aber dann verliere ich doch meine besten Leute!« Kein Kommentar ... Oder doch, damit keine Zweifel aufkommen: Wer das Dogma der »Ressourcenhoheit« nicht abschafft, wird die besten Leute nicht nur für seinen Verantwortungsbereich verlieren – die besten Talente werden das *gesamte Unternehmen* abwählen.

Beispiel 4: Warum lässt mir kein Hotel dieser Welt die Wahl, für wie viele Stunden ich es buchen möchte? Ich komme meistens am späten Abend, falle ins Hotelbett und verlasse das Haus früh am nächsten Morgen – zahle aber für einen Tag, also 24 Stunden. Das ist absurd. Es macht keinen Sinn, nur weil es eine unerschütterliche Überzeugung des Hotelgewerbes ist. Die Benchmarking-Technokraten lehnen sich natürlich entspannt zurück, denn es machen ja alle so. Bloß nicht den kollektiven Gleichschritt infrage stellen.

Beispiel 5: Urlaub ist an 25 Tagen im Jahr. Warum? Wer legt das fest? Wenn *meine eigene* Entscheidung lautet, 50 Tage im Jahr Urlaub zu machen, dann muss das auch möglich sein – natürlich bei entsprechend geringerer Bezahlung. »Da könnte ja jeder kommen ...« Hallo, wollten wir uns nicht gerade unerschütterliche Überzeugungen vorknöpfen? Erstens wird nicht jeder kommen und zweitens wäre genau das wünschenswert: dass Individualität nicht nur respektiert wird und entsprechende Angebote gemacht werden, sondern diese Angebote auch *wahrgenommen* werden.

Beispiel 6: Wir alle sitzen in Sitzungen. Es ist alles gesagt, nur noch nicht von jedem, und wir schauen aus dem Fenster und betrachten das Herbstlaub. Das Problem: Wir sitzen. Warum stehen wir nicht und funktionieren die quälend langwierigen Sitzungen zu »Stehungen« um. Wer diese Wahlmöglichkeit einführt, wird von den zeitsparenden Effekten angetan sein.

Beispiel 7: Wir lassen zu, dass unsere Terminkalender vollgeknallt werden und verwechseln dabei hektische Betriebsamkeit mit wirkungsvollem Arbeiten, das wahrnehmbare individuelle Beiträge hervorbringt. Ich bin davon überzeugt, dass niemand unter ständigem Zeitdruck etwas Interessantes hervorbringt. Wie wäre es damit, ein bestimmtes Zeitkontingent – vielleicht in der Größenordnung von 20 Prozent – frei zu halten und ausschließlich für neue Projekte, Ideen und Spinnereien zu verwenden? »Das nutzen unsere Leute dann aber aus und surfen nur im Netz«! Puh, ob Sie vielleicht die falschen Leute an Bord haben?

Beispiel 8: Der Planungsprozess läuft jedes Jahr nach dem gleichen Ritual ab. Jedes Jahr werden längere Zahlenkolonnen und mehr Scheingenauigkeiten produziert. Wie wäre es damit, einmal die Empfänger zu fragen, was sie wirklich benötigen, und damit zu einer kräftigen Entschlackungskur anzusetzen? »Dann sind aber zwei Drittel des Controllings nicht mehr beschäftigt«! Ja, genau.

Beispiel 9: In fast allen Unternehmen lechzt die *Fähigkeit* zur Veränderung den Veränderungs*notwendigkeiten* um Meilen hinterher. In diesem Zusammenhang besteht eine weitere unerschütterliche Überzeugung darin, dass Veränderungen eine Krisensituation erfordern und von oben beginnen müssen. Wie wäre es stattdessen damit, die Intelligenz und praktischen Erfahrungen Ihrer Leute wirklich zu nutzen? Wenn wir nur auf diejenigen hören, die am weitesten von den Kunden entfernt sind und die den Großteil ihres emotionalen Kapitals in die Vergangenheit investiert haben, dann wird das anpassungsfähige Unternehmen immer Fiktion bleiben.

Beispiel 10: Eng damit verbunden ist die unerschütterliche Überzeugung, dass Menschen den Wandel instinktiv ablehnen und mit allen möglichen Kraftanstrengungen und Wohlfühl-Packungen bearbeitet werden müssen. Wie wäre es mit der These, dass es nur anpassungsfähige Menschen gibt und keine anpassungsfähigen Organisationen? »Das glaube ich nicht, unsere Leute wollen ihre Besitzstände wahren!« O. K., wer über »Besitzstände« redet – und ich kenne einige Organisationen, die tatsächlich derart verseucht sind –, der wird die Betonmauern des Status quo kaum mehr einreißen können. In solchen Unternehmen arbeiten Lohnsklaven für ihren wirtschaftlichen Unterhalt. Punkt. Meine Beobachtung ist: Menschen ändern sich für etwas, das ihnen am *Herzen* liegt. Und: Sie ändern sich für das, worin sie einen *Sinn* erkennen. Also: Was ist der Daseinszweck Ihres Unternehmens? »Den Gewinn nächstes Jahr deutlich nach oben schrauben!« Sehr schön. Viel Erfolg mit dem Schraubenzieher. »Den Wohlstand der Aktionäre erhöhen!« Wo ist der nächste Eimer ...

Welche unerschütterlichen Überzeugungen gibt es in Ihrem Verantwortungsbereich?

d. Gegenseitige Erwartungen abgleichen

Der Abgleich der gegenseitigen Erwartungen ist das zweite Herzstück guter und richtiger individueller Begleitung. Es ist erstaunlicherweise ein wenig besprochenes Thema; nach meinem Kenntnisstand gibt es kein Management- oder Führungsbuch, das den Erwartungsabgleich ins Zentrum rückt. Genau das möchte ich mit diesem Kapitel tun. Ein professioneller Abgleich der gegenseitigen Erwartungen braucht drei Zutaten: Klarheit, Hintergrund und Realismus. Er ist weder intellektuell anspruchsvoll noch sonst wie schwierig; Sie müssen es nur tun. Sehen wir uns im Folgenden die drei Zutaten einmal anhand eines Beispiels näher an.

Erstens muss ein Erwartungsabgleich *Klarheit* schaffen. Dies adressiert die Frage nach dem »Was«. *Was* erwarte ich vom anderen? Viele Führungskräfte bleiben allerdings zu vage. Führungskraft Fischer: »Neumann, ich erwarte, dass Sie sich dieses Geschäftsjahr voll reinhängen.« Was heißt das? »Voll reinhängen« kann sich Neumann auch in eine Hängematte. Wie also besser? Klarheit kann Fischer beispielsweise so schaffen: »Neumann, ich erwarte, dass Sie das Unternehmen X in den nächsten 12 Monaten zu einem unserer wichtigsten Kunden ausbauen.« Für den unwahrscheinlichen und rein hypothetischen Fall, dass Sie jetzt denken: »Wo bleibt denn die Umsatz- oder Ergebniszahl?« –, Sie wären in zahlreicher Gesellschaft, denn genau das ist der typische Reflex. Aber: Es ist der Reflex aus dem Führungs-Werkzeugkasten, der vor allem Scheingenauigkeiten produziert und den wir ja abgewählt haben. Ich behaupte: Es kommt nicht *wirklich* darauf an, ob Neumann mit dem neuen Kundenunternehmen X nun 1,3 oder 1,7 Millionen Euro Umsatz erreicht. (Außer vielleicht bei börsennotierten Gesellschaften, aber genau das ist ein Teil des dortigen Problems.) Worauf es allerdings ankommt: dass er stabile Beziehungen in der Kundenorganisation aufbaut, die auch und gerade in Krisensituationen belastbar sind. Wie gesagt: Je wichtiger ein Thema, desto schwerer ist es zu messen. Wenn Sie für unser Beispiel nicht ganz ohne Zahlen leben wollen, dann verabreden Sie Bandbreiten – Abschätzungen auf der Basis individuellen Urteilsvermögens. Nun jedoch noch der entscheidende zweite Schritt: Erwartungs*abgleich* bedeutet doch wohl, dass hier etwas in *zwei* Richtungen passiert. Denn nun ist es an Neumann, seine Erwartungen zu formulieren: »Einverstanden. Und ich erwarte im Gegenzug, dass Sie mir alle zwei Wochen für eine Stunde als Sparringspartner zur Verfügung stehen und ich erwarte zweitens, dass ich einen weiteren Mitarbeiter mit dem Qualifikationsprofil XYZ einstellen kann … denn ansonsten werde ich Ihre Erwartung nicht erfüllen können.« Das muss verdaut werden, ich weiß. Denn: In mindestens acht von zehn relevanten Führungssituationen gibt es schon diese erste Zutat nicht.

Zweitens muss ein Erwartungsabgleich *Hintergrund* liefern, womit die Frage nach dem »Warum« angesprochen ist. *Warum* erwartet Fischer eigentlich, dass Neumann das Unternehmen X zu einem der Top-Kunden ausbaut? Was ist die dahinterliegende Logik? Hoffentlich hat Fischer mehr zu bieten als die eigene, unrealistische und »von oben« proklamierte Zielverordnung (die irreführenderweise Zielvereinbarung genannt wird), die er jetzt via Hierarchiestufe nach unten weitergibt. Genau das passiert an zu vielen Stellen in zu vielen Organisationen. Den erforderlichen Hintergrund könnte Fischer beispielsweise dadurch liefern, dass er – aktiv – die Markteinschätzung mit Neumann diskutiert, die Stellung des eigenen Unternehmens im Markt bewertet und schließlich die Attraktivität eben dieses Zielunternehmens X verdeutlicht. Es ist inakzeptabel, dass in den meisten Fällen die Diskussion dieser wichtigsten Frage – nach dem »Warum« – unterbelichtet bleibt oder überhaupt nicht stattfindet. Ich kann nur nachdrücklich hierfür plädieren: setzen Sie sich gemeinsam mit Ihren Leuten mit den Fragen nach dem »Warum« auseinander, liefern Sie die Hintergründe Ihrer Erwartungen! Ihre Mannschaft lechzt nach dieser Art von Diskurs.

Drittens, sollte der Abgleich der gegenseitigen Erwartungen durch *Realismus* geprägt sein. Hier geht es um das »Wieviel«. *Wie viel* kann Fischer von Neumann erwarten, wenn dieser das Unternehmen X als Kunden entwickelt? Ich habe bereits dargestellt, dass ich Abschätzungen oder Konkretisierungen eindeutig den Scheingenauigkeiten der Nachkomma-Quantifizierungen vorziehe. Bei der Frage des »Wieviel« geht es jedoch um einen anderen Punkt: Wir benötigen bei der Formulierung unserer Erwartungen dringend mehr praktischen Realismus! Die überall zu beobachtende »Immer-höher-weiter-Spirale« hat nach meiner Beobachtung im Wesentlichen zwei Ursachen: *Erstens* werden unreflektierte Erwartungen über Mega-Steigerungen der Leistungsfähigkeit in die Organisation getragen und von Ebene zu Ebene weitergereicht.

Jede Hierarchiestufe dient als Druckventil. Solche Fische stinken in aller Regel vom Kopf. So werden zweistellige Wachstumsraten in Umsatz und Ergebnis gefordert, obwohl der jeweilige Markt nachweislich besonders schwierig und preissensibler geworden ist. Meine Beobachtung: Je größer die proklamierten Sprünge, desto dünner fallen die Erläuterungen über deren *Evidenz* aus. Manche wollen in drei Jahren ihr Geschäft verdoppeln. Auf Fragen nach dem »Warum« und »Wie« kommt nur heiße Luft. Generell gilt: Wachstum darf nicht als *Zielsetzung* missbraucht werden; es ist das *Ergebnis* einer wettbewerbsfähigen Aufstellung und klugen Positionierung im Markt!

Zweitens wird die Immer-höher-weiter-Spirale kräftig angeheizt durch das Hurra-Geschrei der Motivations-Jünger, die – meistens ungefragt – von sich geben, dass die Ergebnisse umso besser ausfallen würden, je höher man die Latte lege. Auf zu den Sternen, sie sind zum Greifen nah! Was für ein unverantwortlicher Schwachsinn! Natürlich sollen Erwartungen ambitioniert sein – das ist derart selbstverständlich, dass schon die Erwähnung peinlich anmutet. Aber eben auch realistisch. Und dieser zweite Aspekt ist nach meinen Beobachtungen weit in den Hintergrund geraten.

Der aufmerksame Leser wird erkannt haben, dass diese dritte Zutat zum professionellen Erwartungsabgleich in Einklang steht mit dem Prinzip »zurück zu praktischem Realismus« aus dem Kapitel zur individuellen Auswahl.

> Der professionelle Abgleich der gegenseitigen Erwartungen ist das zweite Herzstück erfolgreicher individueller Führung.

e. Individuelle Rückversicherung

Mein drittes Herzstück individueller Führung füllt den mit professionellem Erwartungsabgleich geschaffenen Rahmen sozusagen mit Leben. Es ist die individuelle Rückversicherung.[50] In diesen Begegnungen im Verlauf des Geschäftsjahres überprüfen Mitarbeiter und Chef, ob sie die gegenseitig formulierten Erwartungen erfüllen können oder ob Anpassungen vorgenommen werden müssen. Sind wir auf dem richtigen Weg? Gelten unsere Grundannahmen noch? Müssen wir gegensteuern und wenn ja, auf welchen Gebieten und mit welchen Maßnahmen? Das Prinzip der individuellen Rückversicherung ist von ungeheurer Wirksamkeit. Es ist nach meiner Auffassung in seiner Idealausprägung durch folgende Charakteristika gekennzeichnet:

Erstens kommt im Grundsatz der Mitarbeiter auf den Chef zu! Diese Regel folgt dem Prinzip eigenverantwortlichen Handelns; nur in begründeten Ausnahmen sollte es anders herum sein. Mir ist natürlich bewusst, dass diese Forderung in klarem Widerspruch zur gängigen Führungspraxis steht. Ich stelle diesen Grundsatz an den Anfang der Merkmalliste, weil er so wichtig ist. Wie gesagt: Motivation setzt voraus, wählen zu können. Überlassen Sie es daher unbedingt Ihren Leuten, die Initiative für die individuelle Rückversicherung zu ergreifen.

Schreiten Sie *zweitens* nur bei offensichtlichen Fehlentwicklungen ein. Dann allerdings so zeitnah wie möglich und nicht erst, wenn »Gras über die Aufregung gewachsen ist«. Spätestens hier trennt sich beim Führungsverhalten die Spreu vom Weizen. Gerade hier ist die persönliche Rückversicherung, die Transparenz und vor allem Orientierung vermittelt, unglaublich wichtig. Wer dieses Format beherrscht, wird die Sehnsucht nach Bindung, Engagement und Motivation mit hoher Wahrscheinlichkeit erfüllt sehen. Die ersten beiden Punkte mögen für viele wie die Quadratur des Kreises klingen; wie eine Wanderung auf schmalem Grat. Genau das ist es auch. Eine Gratwanderung zwischen Gestaltungsräumen und Orientierung. Erforderliche Zutaten für diese Gratwanderung: Erfahrung, Fingerspitzengefühl und wirkliches Interesse an Ihren Leuten. Damit sind wir beim nächsten Punkt.

Zeigen Sie *drittens wirkliches* Interesse an Ihren Leuten. Lernen Sie Ihre Mitarbeiter *wirklich* kennen.[51] Aber Vorsicht: Hier ist Ihre innere Einstellung gefragt, keine aufgesetzte Show. Letztere würde sofort durchschaut und statt Engagement und Bindung nur Frustration und Zynismus hervorrufen.

Begegnen Sie *viertens* Ihren Mitarbeitern mit Gesprächen auf Augenhöhe unter Partnern. Unrealistisch? Dann haben Sie es noch nicht versucht! Ihre Leute lechzen nach dieser Art von Diskurs.

Führen Sie *fünftens* den Diskurs des Weiteren einfach und persönlich, nicht abstrakt-entpersonalisierend. Nur so werden Ihre Mitarbeiter ihren jeweiligen, individuellen Beitrag erkennen können. Dieses Erkennen ist wiederum Grundvoraussetzung für etwas, wonach letztlich alle suchen: den *Sinn* des eigenen Tuns entdecken.

Nutzen Sie *sechstens jede* Begegnung individueller Rückversicherung, um zu überprüfen, ob die individuellen Stärken des Mitarbeiters bestmöglich zur Geltung kommen. Gerade hier hat oftmals das, was anfangs einmal vorausschauend-theoretisch konzipiert wurde, nicht mehr viel zu tun mit dem, was den Mitarbeiter im betrieblichen Alltag dann beschäftigt. Die Forderung kann gar nicht häufig genug wiederholt werden: Setzen Sie ihre Leute so ein, dass sie ihre jeweiligen Stärken weitestgehend einbringen können. Und übrigens: Streichen Sie *jede* Trainings- oder Fortbildungsmaßnahme, die sich nicht mit den individuellen Stärken des Teilnehmers beschäftigt!

Schließlich *siebtens*: Bekämpfen Sie im Rahmen der individuellen Rückversicherung nicht Fehler um jeden Preis, sondern den Mythos von Perfektionismus und Fehlervermeidung. Natürlich ist nicht jeder Mist guter Dünger für Lernerfahrungen; es gibt Fehler, die einfach nicht passieren dürfen. Wer aber Fehlervermeidung über alles stellt, wird Kreativität und Innovation nur bei anderen und nie in seiner eigenen organisatorischen Umgebung erleben.

> Individuelle Rückversicherung ist das dritte Herzstück erfolgreicher und wirksamer individueller Führung.

Je nach Mitarbeiter werden die Schwerpunkte der oben erläuterten Anforderungsliste anders gelagert sein; auch werden Intensität und Rhythmus notwendigerweise unterschiedlich sein. Individuell eben. Nicht der Jahreskalender (»Wir müssen endlich reden, das neue Geschäftsjahr ist schon wieder fast zwei Monate alt«) ist Taktgeber, sondern die individuelle Mitarbeiter-Chef-Beziehung innerhalb der jeweiligen Führungssituation. Fast immer gilt jedoch: Das gerade in Deutschland häufig beklagte Lobdefizit ist in Wahrheit ein *Kontakt*defizit. [52)]

f. Professionelles Feedback

Eine provokante These zu Beginn: Ich behaupte, dass mindestens neunzig Prozent aller Führungskräfte noch nie in ihrem Leben ein wirklich professionelles Feedback gegeben haben. Diejenigen, die gutes und richtiges Feedback erhalten, sind wahre Glückspilze. Zu den schlimmsten und am weitesten verbreiteten Seuchen gehören Verallgemeinerungen. Etwa: »Ihre Analysen gehen nicht tief genug.« Oder: »Dein Diskussionsstil ist zu zurückhaltend.« Oder: »Das Kundengespräch hätten Sie ganz anders führen müssen.« Damit kann niemand etwas anfangen. Solche Allgemeinplätze gehören auf den Müll – Bereich »besonders gefährliche Giftstoffe«.

Wie also besser? Was zeichnet ein professionelles Feedback aus? Erinnern Sie sich noch an den Projektleiter Paul Pasewald, der kurz vor zwölf mitgeteilt hat, dass er den Abgabetermin der Kundenpräsentation auf keinen Fall einhalten könne? Ich möchte anhand dieses Beispiels aufzeigen, welcher Dialog sich durch ein professionelles Feedback entfalten kann:

»Paul, ich sehe, dass in der Kundenpräsentation noch die Kapitel 4 und 5 sowie die einleitende Zusammenfassung fehlen. Aus der Erfahrung vergleichbarer Projekte wissen wir, dass insbesondere die Zusammenfassung nicht übers Knie gebrochen werden sollte.«

Darauf Paul Pasewald: »Ich weiß auch nicht, wie es zu dieser Situation kommen konnte. Ich bin ziemlich verzweifelt.«

»Auf mich wirkt die aktuelle Situation so, dass wir den Termin am Montag nicht halten können, wenn wir nichts verändern. Siehst du das genauso?«

»Ja, absolut. Keine Chance.«

»Niemand kennt den Kunden so gut wie du. Welche Handlungsoptionen haben wir denn jetzt deiner Meinung nach?«

»Ich verstehe nicht, worauf du hinauswillst.«

»Auf nichts Bestimmtes. Ich habe keine Lösung im Kopf. Alles, was ich möchte, ist, dich dazu anzuregen, über Alternativen nachzudenken.«

»Wenn wir Montag nicht abgeben, haben wir ein Riesenproblem.«

»Paul, das ist unreflektiert und keine Antwort auf meine Frage.«

»O. K., ich könnte Unterstützung gebrauchen, aber alle sind voll ausgelastet.«

»Dann sag mir, wer dich am besten unterstützen kann und ich werde mich dafür einsetzen, dass wir die kurzfristigen Prioritäten entsprechend verschieben.«

»Cool. Das mach ich sofort. Bis später!«

»Moment mal, Paul. Wir wollten doch Alternativen überlegen.«

»Ja, haben wir doch.«

»Nein, wir haben erst *eine* Möglichkeit, von der wir noch nicht wissen, ob sie funktionieren kann und wenn ja, ob sie die beste ist.«

»Hm, ich könnte natürlich doch mal beim Kunden anrufen. Vielleicht passt denen ein Termin Ende nächster Woche ja sogar besser. Das beste Verhältnis habe ich zu Kleinschmidt, den ruf ich an.«

»Der Vorschlag gefällt mir gut. Wir glauben häufig, dass wir unseren Kunden nichts zumuten können. Ich denke, das ist falsch.«

»Also, dann rufe ich jetzt den Kunden an und wenn er unbedingt an Montag festhalten will, stelle ich kleines Team zusammen, das die Präsentation fertigstellt. Die Namen bekommst du noch heute.«

»Einverstanden. Und, Paul, noch was: Für die Zukunft wünsche ich mir, dass du früher auf mich zukommst. Sobald sich ein Problem abzeichnet, lass es mich bitte wissen. Kannst du das leisten?«

»Alles klar.«

Das Beispiel ist nicht erfunden; es hat sich nahezu im gleichen Wortlaut so in meiner Beratungsarbeit ereignet (und zigfach in ähnlicher Form wiederholt). Natürlich ist jede Situation einzigartig; dennoch erlauben es die wiederkehrenden Muster nach meiner Auffassung, eine generelle Feedback-Struktur vorzuschlagen. Ein professionelles Feedback durchläuft fünf Stufen:

1. Eine genaue Beobachtung – Seien Sie hier so konkret und spezifisch wie möglich und vermeiden Sie die gängigen Allgemeinplätze.

2. Die Beschreibung der Wirkung auf Sie – Wahrnehmung ist in höchstem Maße subjektiv und individuell. Daher ist es wichtig, dass Sie zunächst nur die Wirkung auf Sie selbst darstellen. Sie ist weder richtig noch falsch, es ist die Wirkung auf Sie.

3. Die ausdrückliche Rückversicherung – »Sehen Sie das auch so?« Dieser Schritt ist wichtig, um zu erkennen, ob eine gemeinsame Basis für die Beurteilung der aktuellen Situation vorliegt. Wenn das nicht der Fall ist

(»Das sehe ich völlig anders.« »Keine Ahnung, wovon
Sie sprechen.«), müssen Sie zur ersten Stufe zurück.
4. Anregungen für Handlungsoptionen – Entscheidend ist,
nicht fertige Lösungen aus dem Ärmel zu zaubern, sondern Suchprozesse beim Gegenüber auszulösen. Paul
Pasewald ist in der Verantwortung für die operative
Führung des Projektes; dort soll er auch bleiben!
5. Eine Verabredung für die Zukunft – Hier vereinbaren
Sie, wie eine vergleichbare Situation zukünftig gehandhabt wird.

Die Anwendungsmöglichkeiten dieser einfachen Struktur
sind nahezu unbegrenzt. Eine eigene private Erfahrung als
Abschluss: Ich besuche mit meiner Frau gerne die Oper. Vor
einiger Zeit sah ich mich zum wiederholten Male mit folgendem Vorwurf konfrontiert: »*Immer* bist du zu spät!« (Achten
Sie, im privaten wie geschäftlichen Bereich, auf verabsolutie-
rende Sprachelemente wie »immer« oder »nie«.) Sichtlich
genervt erzählte ich meiner Frau von den Stufen eines professionellen Feedbacks. Dann, nur wenige Wochen später,
war ich wieder ziemlich spät dran:

»Mein lieber Schatz. Ich habe beobachtet, dass du deinen
Mantel im Laufschritt über die Garderobe geworfen hast.
Des Weiteren beobachte ich Schweißperlen auf deiner Stirn.
Auf mich wirkt das so, als wenn du ziemlich spät dran bist.
Siehst du das auch so?«

»Ja, da hast du wohl völlig Recht.«

»Für die Zukunft wünsche ich mir, dass du mindestens eine halbe Stunde, bevor die Türen zugehen, hier auftauchst,
damit wir noch in Ruhe ein Glas Sekt trinken können.«

Das saß dermaßen, dass der vierte Schritt – Handlungsoptionen erarbeiten – in diesem Fall überflüssig wurde.

g. Fazit: Einfache Tugenden praktischer Vernunft

Meine Vorschläge für Ihre tagtägliche Führungsarbeit sind ein Plädoyer gegen Modewellen, Verkomplizierungen und den typischen Führungs-Schnickschnack.

Was wir mehr denn je benötigen, ist eine Rückbesinnung auf eher einfache Tugenden und Grundsätze *praktischer Vernunft*.

Auf dieser grundsätzlichen gedanklichen Basis habe ich verschiedene Prinzipien und Kernelemente für die individuelle Begleitung vorgeschlagen, aus denen die folgenden beiden in ihrer Bedeutung herausragen:

- *Vertrauen* schaffen: Ich habe dafür plädiert, über das viel zitierte »walk the talk«, das lediglich fordert, seine Versprechen auch einzuhalten, hinauszugehen: Gehen Sie den ersten Schritt in eine Vertrauensbeziehung hinein; ohne Wenn und Aber. Machen Sie sich verwundbar – Sie werden von der verpflichtenden Wirkung, die hiervon ausgeht, überrascht werden. Des Weiteren: Reduzieren Sie den normierenden Werkzeugkasten, soweit es nur geht. Sie machen damit unwiderrufliche und für alle sichtbare Einzahlungen auf das Vertrauenskonto. Schließlich: Befreien Sie Ihren Führungsalltag von den gängigen Verreglementierungen und werden Sie nicht von der Führungs- zur Fürsorgekraft.
- *Wahlmöglichkeiten* schaffen: Motivation und Verantwortung setzen Wahlmöglichkeiten voraus. Wer aus verschiedenen Alternativen auswählen kann, trifft eine *eigene* Entscheidung. Schaffen Sie deshalb in Ihrer täglichen Führungsarbeit so viele Wahlmöglichkeiten wie irgendwie möglich.

Die mit dem letztgenannten Punkt einhergehende *Macht der Freiheit* ist nicht nur meine persönliche Überzeugung und Erfahrung, sondern sogar empirisch belegt und zudem von höchster betriebswirtschaftlicher Relevanz. Das Institut für Demoskopie in Allensbach hat das Phänomen der Freiheit mit seinen für Unternehmen und Führungskräfte relevanten Wirkungen untersucht. [53] Beispiel Krankenstand: Von den Personen mit eigenem, subjektiv empfundenem hohen Freiheitsgefühl hatten 54 Prozent an keinem einzigen Arbeitstag im Untersuchungszeitraum gefehlt. Ein unglaublich hoher Wert. Bei den Befragten mit niedrigem Freiheitsgefühl waren es mit gerade einmal 23 Prozent weniger als die Hälfte! Beispiel Verpflichtung: Allensbach führte hierzu eine repräsentative Umfrage mit folgender Fragestellung durch: »Ich möchte Ihnen einen Fall erzählen von zwei Kollegen, die beide an einem Auftrag arbeiten, der morgen fertig sein muss. Als der eine abends mit seinem Teil fertig ist, merkt er, dass sein Kollege seine Arbeit nicht fertig gemacht hat und gegangen ist. Finden Sie, er sollte die Arbeit seines Kollegen zu Ende führen, damit der Auftrag rechtzeitig fertig wird, oder finden Sie, das braucht er nicht zu tun?« Bei den Befragten mit großem individuellen Freiheitsgefühl sind 44 Prozent der Meinung, er solle die Arbeit zu Ende führen. Bei denjenigen, die wenig Handlungs- und Gestaltungsfreiheiten haben, sind es lediglich 28 Prozent. Diese Analyse wird seit über dreißig Jahren durchgeführt; die Werte wiederholen sich auf frappierend konstantem Niveau.

> Freiheit bindet.

Ich empfehle diese lesenswerten Analyseberichte als Pflichtlektüre für jeden, der an guter und richtiger Führung interessiert ist. [54] Bedenken Sie in Ihrer täglichen Führungsarbeit stets:

Der Werkzeugkasten bewirkt allerdings genau das Gegenteil: Individuelle Wahlmöglichkeiten werden eingeschränkt. Dies ist, neben der Tatsache, dass er normierend und standardisierend wirkt und anstatt individueller Spitzenleistungen die normalverteilte graue Masse fördert, der zweite wesentliche Fluch des Werkzeugkastens.

41 Vgl. Towers Perrin, *Winning Strategies for a Global Workplace*, insbesondere S. 11. Die Ergebnisse werden in der Nachfolgestudie *Closing the Engagement Gap: A Road Map for Driving Superior Business Performance* im Wesentlichen bestätigt.

42 Der aus der Analytischen Sozialpsychologie stammende Begriff der »Biophilie« bezeichnet ein *lebensfreundliches* Umfeld, in dem sich Menschen entfalten und wachsen können. Vgl. hierzu Löhner, *Führung neu denken*, insbesondere S. 27–29.

43 Vgl. Schumacher, *Wenn Du viel erreichen willst, tue wenig – Einfache Führung durch Klarheit, Freiheit und Konsequenz*, S. 35–46.

44 Vgl. Sprenger, *Vertrauen führt*, S. 100–113.

45 Schumacher, *Wenn Du viel erreichen willst, tue wenig – Einfache Führung durch Klarheit, Freiheit und Konsequenz*, S. 49.

46 Vgl. Malik, *Führen, Leisten, Leben*, S. 230–233.

47 Malik, *Die Neue Corporate Governance*, S. 278.

48 Der amerikanische Management-Experte Jim Collins stellt in einer breit angelegten Untersuchung

heraus, dass sich bei den wirkungsvollsten Führungskräften *persönliche Bescheidenheit* mit großer beruflicher Willenskraft verbindet. Vgl. Collins, *Der Weg zu den Besten*, S. 24 und S. 35–41.

49 Vgl. Malik, *Führen, Leisten, Leben*, S. 19 f.

50 Vgl. hierzu Pelzmann, *Gegenseitige Rückversicherung – unverzichtbar für strategisches Vertrauen*, S. 342–344. Die Psychologieprofessorin Linda Pelzmann lässt dabei offen, in welcher Richtung die Rückversicherung verläuft bzw. wer sie initiiert – Mitarbeiter oder Chef.

51 Vgl. Towers Perrin, *Was Mitarbeiter bewegt zum Unternehmenserfolg beizutragen – Mythos und Realität*, S. 11. In dieser groß angelegten Studie landet der Faktor »Interesse der Unternehmensleitung an den Mitarbeitern« auf dem ersten Platz der wichtigsten Treiber für Engagement und Motivation.

52 Verschiedene Studien belegen die ökonomischen Folgen unzureichender direkter Kontakte in der individuellen Mitarbeiter-Chef-Beziehung. Vgl. z.B. Stummer, *Entsolidarisierung von Führungsver-*

halten und mögliche Auswirkungen auf die Gesundheit, S. 270–278.

53 Vgl. Noelle-Neumann/Köcher, *Allensbacher Jahrbuch der Demoskopie*, 1997, S. 981 ff.

54 Äußerst lesenswert für eine breitere Analyse des gesellschaftlichen Phänomens der Freiheit ist die Studie *Der Wert der Freiheit* vom Institut für Demoskopie in Allensbach aus dem Jahr 2003. Die Studie unterstreicht die Bedeutung von Freiheitselementen für den beruflichen Alltag.

5
Individuelle Trennung –
von der Gefahr zur Chance

a. Praxisbericht: tiefe Abgründe

Was ist die typische Reaktion in Ihrem Unternehmen, wenn ein Leistungsträger aus eigenem Antrieb die Organisation verlässt? Wird er im Rahmen einer Zusammenkunft der engsten Mitarbeiter mit den besten Wünschen verabschiedet und schon heute zur nächsten Alumni-Veranstaltung herzlich eingeladen? Die Realität sieht anders aus. Ganz anders. Wer sich die gängige Praxis individueller Trennung ungeschminkt anschaut, entdeckt Abgründe, die selbst erfahrene und hartgesottene Menschen noch erschrecken können.

Beginnen wir eher harmlos: Da sind zunächst die »beleidigten Leberwürste«, die diejenigen, die das Unternehmen verlassen, wie Fahnenflüchtige behandeln. Sie fühlen sich persönlich angegriffen und zutiefst in ihrem Stolz verletzt, nur weil jemand eine Entscheidung für eine andere Organisation getroffen hat. Nun kann man solche Reaktionen als infantiles Gehabe abtun (was es sicher *auch* ist), aber es ist mehr: Das dahinterliegende Denkmodell bezeichne ich als totalitär.

Dann die große Schar der Neider. »Warum geht Burgsmüller einfach weg? Der hat bestimmt was Besseres gefunden.« Seien Sie bei solchen Reaktionen darauf gefasst, dass sich viele andere im Unternehmen danach sehnen, den gleichen Schritt selbst zu tun. Sie trauen sich nur (noch) nicht. Und – nur zur Erinnerung – wir reden hier über die Gruppe der Leistungsträger; nicht über den Durchschnitt oder Mitläufer.

Leinen los. Torsten Schumacher
Copyright © 2009 WILEY-VCH Verlag GmbH & Co. KGaA, Weinheim
ISBN: 978-3-527-50475-6

Wenn sich Neid schließlich mit Missgunst paart, wird dreckige Wäsche gewaschen. Ich habe selbst erleben »dürfen«, welch absurde Blüten diese ungesunde Mischung treiben kann, als ich meine etablierte Aufgabe als Partner und Geschäftsführer eines der großen internationalen Beratungshäuser abgewählt habe, um meine *eigenes* Beratungsunternehmen zu gründen. Wenn ich noch Argumente für meine Entscheidung benötigt hätte – hier wurden sie geliefert ...

Natürlich ist es keine neue Erkenntnis, dass es problematisch sein könnte, wenn die besten Leute die Organisation verlassen. Allerdings bedienen sich die gängigen technokratischen und ideenlosen Antworten wiederum des Werkzeugkastens: Mit großem Eifer werden Fluktuationsraten gemessen, in Kennzahlen gepackt und zwischen den Bereichen des Unternehmens verglichen. Die Frage, *warum* das Unternehmen attraktiv ist für die besten Talente (oder warum eben nicht), bleibt natürlich unbeantwortet. Sie wird nicht einmal gestellt. Auch hier zur Illustration ein reales Beispiel: Ein größeres mittelständisches Maschinenbauunternehmen beklagte schon seit längerer Zeit den Abgang vieler Leistungsträger. Der Griff in den Führungs-Werkzeugkasten brachte schnell die vermeintliche Lösung: Mit zusätzlichen Kennzahlen zur Fluktuation sollte das Thema nun angepackt werden. So wurde die *durchschnittliche Verweildauer im Unternehmen in Jahren* als Kennzahl definiert, pro Abteilung gemessen und halbjährlich an die Geschäftsleitung berichtet. Um dem Ganzen noch mehr Nachdruck zu verleihen, wurden die Ergebnisse an die Bonuszahlungen geknüpft. Zwei bis drei Jahre später zeigte diese Verreglementierung Wirkungen: Neueinstellungen hat es seitdem nicht mehr gegeben; frischen Wind und neue Impulse von außen gab es nicht mehr – denn das hätte ja die Kennzahl verschlechtert ...

b. Prinzipien individueller Trennung

Erstes Prinzip: als Führungsaufgabe erkennen

Mein erstes Prinzip ist schlichtweg die Forderung, individuelle Trennung überhaupt als eine der wichtigen Führungsaufgaben zu erkennen. »Manche Unternehmen stecken unglaublich viel Fantasie und Geld in die Rekrutierung ihrer Mitarbeiter. Und auch bei deren Weiterbildung sind sie ungeheuer großzügig ... Nur eines sucht man vergebens: die Hilfestellung für den wirklichen Ernstfall der Personalführung – die Kündigung.«[55] Es ist in der Tat frappierend, wie stiefmütterlich diese Führungssituation behandelt wird. Dabei ist sie in doppelter Hinsicht bedeutend: Zum einen darf bei denjenigen, die dauerhaft keinen individuellen Beitrag leisten, die Trennung als Option nicht kategorisch ausgeblendet werden. Wohlgemerkt: Es geht mir keineswegs um eine Praxis des »hire and fire«. Aber es kann nicht sein, dass wir – wie es zu häufig geschieht – diejenigen über viele Jahre irgendwie mit durchschleppen, die keinen Beitrag (mehr) leisten. Wenn alle übrigen Gestaltungsmaßnahmen, vor allem die Veränderung der zu erledigenden Aufgaben, nicht fruchten, muss die individuelle Trennung eine Option darstellen. Es ist im Normalfall immer die letzte Option, aber sie gänzlich auszublenden, ist in hohem Maße unsozial gegenüber allen anderen im Unternehmen. Im Übrigen ist buchstäblich niemand zufrieden, der nichts beiträgt. In vielen Fällen fehlt es an dieser Stelle an Konsequenz, weil die Verantwortlichen sich die Blöße einer Fehlentscheidung – oft übrigens schon im Moment der Auswahl (wahrscheinlich, weil die genannten Auswahlprinzipien nicht beachtet wurden ...) – nicht geben wollen. Nur: Das Problem ist nicht die falsche Auswahl- oder Besetzungsentscheidung – das Problem ist die mangelnde Konsequenz danach!

Ein zweiter Aspekt unterstreicht die Bedeutung individueller Trennung als Führungsaufgabe: So ist es bei denjenigen, die aus *eigener* Entscheidung die Organisation verlassen, mindestens genauso wichtig, den Trennungsprozess professionell zu gestalten und »im Guten« auseinanderzugehen. Damit sind wir beim zweiten Prinzip.

Zweites Prinzip: Trennung ›im Guten‹

Das zweite Prinzip zur individuellen Trennung ist im Grunde genommen eine Banalität, aber aufgrund der skizzierten Abgründe in der praktischen Handhabung kann ich nur eindringlich empfehlen: Trennen Sie sich »im Guten« von Ihren Leuten. Von jedem Einzelnen. Nicht primär, weil man sich immer zweimal im Leben trifft, wie ein weises Sprichwort sagt und der Aufbau eines positiv besetzten Netzwerkes von »Ehemaligen« betriebswirtschaftlich Sinn macht. Das ist natürlich auch richtig. Mir geht es primär jedoch um einen ganz anderen Punkt: Wer wirkliches Interesse am Aufbau *lebensfreundlicher* individueller Beziehungen hat, der braucht von den Vorteilen einer Trennung »im Guten« für alle Beteiligten nicht überzeugt zu werden – sie ist für ihn eine Selbstverständlichkeit.

Drittes Prinzip: aus Trennungen lernen

Auch die besten Organisationen verlieren Leistungsträger. Niemand bleibt hiervon verschont. Aber in den leistungsfähigsten Unternehmen werden individuelle Trennungen nicht durch Neid und Missgunst dominiert, sondern sie stellen einen besonders fruchtbaren Boden für Lernerfahrungen dar. »Was können wir als Unternehmen zukünftig besser machen? Welche Konsequenzen müssen wir ziehen, um weitere Abgänge zu verhindern?« Gerade in der Situation der individuellen Trennung müssen diejenigen, die das Unternehmen verlassen, keinerlei Rücksichtnahmen mehr treffen und können Ihre Beweggründe ungeschminkt darstellen. Ich werde diesen Punkt im nächsten Abschnitt aufgreifen und mit einem realen Beispiel illustrieren.

Viertes Prinzip: Klartext statt Schönwetterreden

Hier geht es um Trennungen, die vom Unternehmen ausgehen. Diese zu kommunizieren, ist eine der anspruchsvollsten Führungsaufgaben überhaupt. Neun von zehn Führungskräften scheitern kläglich an ihr. Bei allem, was falsch gemacht wird, ragt ein Punkt besonders heraus: Es wird um den heißen Brei herumgeredet, anstatt klar und schnörkellos darzustellen, warum die Trennung unausweichlich ist. Allgemeinplätze über die allgemeine Lage und Weltkonjunktur ersetzen eine ersthafte Auseinandersetzung mit dem gegenübersitzenden Menschen. Schönwetterreden kann jeder halten. Hier aber, in einer der wahrscheinlich schwierigsten Führungssituationen, trennt sich die Spreu vom Weizen. Die besten Führungskräfte ersetzen falsch verstandene Rücksichtnahmen (»ich will Winterhuber ja nicht weh tun«) durch eine konstruktive und ernsthafte Diskussion der Frage, warum es nicht passt. Dabei vermeiden sie Schuldzuweisungen.

c. Wenn die besten Leute gehen

Bei denjenigen, die aus freiem und eigenem Entschluss die Organisation verlassen, können wir in acht von zehn Fällen davon ausgehen, dass es sich um Leistungsträger handelt. Es sind nicht notwendigerweise diejenigen, die mit glänzenden Stellenbeschreibungen und polierten Schulterklappen die scheinbar wichtigsten Positionen bekleiden. Es sind diejenigen, deren individueller Beitrag besonders wertvoll ist. Wenn diese Leute gehen, entstehen nicht nur einfach Kosten; die Leistungsfähigkeit eines Bereiches oder gar des Unternehmens insgesamt wird eingeschränkt. Schlimmer noch: Es ist ein Signal an alle, Vertrauen geht verloren. Es macht nachdenklich, kann Entschlossenheit vermindern und in vielen Fällen auch den Glauben an das Unternehmen.[56] Es ist nach meiner Beobachtung sehr wichtig, sich die Vielfalt dieser Folgewirkungen klarzumachen. Wer den Verlust von Leistungsträgern herunterspielt, verschleiert oder gar nicht erst kommuniziert, verstärkt die negativen Effekte zusätzlich.

Genau hier, an dieser schmerzhaften Stelle, liegt die Chance guter und richtiger Führung. Ich empfehle Ihnen nachdrücklich, *offensiv* mit Abgängen von Leistungsträgern umzugehen. Stellen Sie solche Verluste ungeschminkt in Ihrer internen Kommunikation dar – es ist der einzige Weg, um das explosive Gemisch aus Flurfunk, Unsicherheiten und Halbwahrheiten zu entkräften. Analysieren Sie die jeweils individuellen Ursachen und stellen Sie die unternehmensbezogenen Gründe ab. Die Liste der spontan einsetzenden Antworten – besser: Ausreden – ist lang. »Ich kann die jungen Wilden nicht schneller befördern – andere sind schon viel länger im Unternehmen.« Doch, Sie können – Sie müssen nur Zeit als Beförderungsprinzip durch Leistung ersetzen. »Ich kann die Gehaltsschere zwischen meinen Top-Leuten und dem Durchschnitt nicht noch weiter öffnen – da macht der Betriebsrat nicht mit.« Wer, bitte, führt das Unternehmen? Hier also die Handlungsempfehlungen, mit denen Sie die schwierige Führungsaufgabe im Zusammenhang mit individuellen Trennungen angehen können:

- Arbeiten Sie zunächst die jeweils individuellen Beweggründe heraus, die Ihr Top-Talent dazu gebracht haben, das Unternehmen zu verlassen.
- Trennen Sie dann sauber zwischen privaten, übergreifenden beruflichen und denjenigen Ursachen, die auf das eigene Unternehmen abzielen. Um diese dritte Kategorie geht es! Alle drei werden analysiert, aber in der dritten Kategorie muss der Schwerpunkt liegen.
- Berichten Sie das Thema regelmäßig an die Geschäftsleitung. Im Zentrum dieser Diskussionen muss stehen,

welche Maßnahmen gegen die häufigsten Ursachen ergriffen wurden und wo deren Umsetzung steht.

Schließlich in diesem Zusammenhang eine Empfehlung an die Mitglieder von Aufsichtsorganen, deren Arbeit in den vergangenen Jahren vielfach kritisiert wurde: Lassen Sie sich regelmäßig Namenslisten derjenigen vorlegen, die das Unternehmen verlassen haben. Identifizieren Sie die Leistungsträger und fragen Sie nach deren Beweggründen.[57] Die Wirksamkeit dieser einfachen Maßnahme wird jede aufwendige und teure Kulturanalyse in den Schatten stellen.

Des Weiteren: Stellen Sie sich, spätestens jetzt, zukunftsgerichtet den folgenden Fragen mit schonungsloser Offenheit:

- Warum arbeiten unsere besten Talente bei uns – um ihren Lebensunterhalt zu verdienen oder weil sie durch ihre Aufgaben bei uns wachsen?
- Wie stark haben wir den Normierungs-Werkzeugkasten bereits entrümpelt?
- In welchem Ausmaß haben unsere Leistungsträger tatsächliche Handlungs- und Gestaltungsfreiheiten?
- Wie viel Zeit verbringen die Mitglieder der Unternehmensleitung mit den besten Talenten? Womit wird diese Zeit gefüllt?
- Inwieweit können sich unsere Top-Leute mit Themen außerhalb ihres eigentlichen Aufgabenbereiches oder mit verrückten Ideen beschäftigen?
- Wie viel Zeit verbringen wir mit Diskussionen zum Daseinszweck unseres Unternehmens?

In der ehrlichen Beantwortung dieser Fragen liegt eine unglaublich wichtige Chance guter und richtiger Führung. Wenn dies in der Praxis eher als lästige Übung empfunden wird, habe ich bis zu einem gewissen Punkt sogar Verständnis dafür, denn die Antworten können recht schmerzhaft sein. Manche Führungskräfte werden durch besonders schmerzhafte Erfahrungen wieder an die überragende Bedeutung dieser Fragen erinnert. Ich will nicht verschweigen, dass es mir vor einigen Jahren in einem der großen Beratungshäuser genauso erging. Ich verlor meinen besten Kollegen – nennen wir ihn Fangdieck –, der als Projektleiter auch die schwierigsten Beratungsprojekte sicher und mit höchster Kundenzufriedenheit zu führen verstand. Als er mir auf der Rückfahrt von einem Kunden eröffnete, dass er in wenigen Tagen kündigen werde, riss es mich vom Hocker. Ich sagte die restlichen Termine des Tages ab und es entwickelte sich ein Dialog, aus dem ich den entscheidenden Abschnitt im Folgenden wiedergebe:

Ich: »Warum verlässt du das Unternehmen?«

Fangdieck: »Ich war nicht loyal.«

»Wie bitte? Du hast in meiner Wahrnehmung deine Projekte erfolgreich geleitet und die Kunden sind durch die Bank zufrieden mit deiner Arbeit.«

»Ja, klar habe ich alles gegeben. Aus reinem Pflichtbewusstsein. Meine ›Loyalität‹ entstand aber aus wirtschaftlicher Abhängigkeit. Mehr nicht.«

Meine Ohren wurden immer größer. Fangdieck weiter:

»Das Unternehmen ist eine Bürokratie. Ich suche aber eine Gemeinschaft, in der rebellische Enthusiasten bestimmte Werte teilen. Einer Gemeinschaft stelle ich meine Arbeitskraft *freiwillig* zur Verfügung.«

»Was genau hat dich in dieser Bürokratie gestört?«

»So ziemlich alles.«

»Das ist keine Antwort. Sag mir bitte die aus deiner Sicht wichtigsten zwei oder drei Punkte.«

»O. K. Besonders schlimm …«

Bedenken Sie:

> Die Gründe für Trennungen sind in der Regel die Dinge, über die *nicht* gesprochen wurde.

d. Flucht aus Großorganisationen

»Wer schon einmal länger in einem großen Unternehmen beschäftigt war, weiß, dass die Erwartung, solche Organisationen könnten strategisch flink und rastlos innovativ sein oder faszinierende Arbeitsplätze bereitstellen, der Hoffnung ähnelt, ein Hund könne lernen, Tango zu tanzen.«[58] Das ist ziemlich pointiert ausgedrückt. Aber ich kann nach zwanzig Jahren Beratungsarbeit für Großkonzerne wie für mittelständische Unternehmen bestätigen: Je größer die Organisation, desto anfälliger wird sie für den standardisierenden Werkzeugkasten. Positiv gedreht: Je größer die Organisation, desto anspruchsvoller wird es – trotz der Unübersichtlichkeit und der damit einhergehenden Entpersonalisierung – die Prinzipien und Praktiken guter und richtiger Individueller Führung zu leben. Gerade in Großorganisationen sind die Fächer im Normierungs-Werkzeugkasten zahlreich und auch gut gefüllt. Das alles überragende Paradigma ist das der *Effizienz*. Im Grunde genommen ist es auch gar nicht überraschend, wurden doch diese und viele andere Praktiken im Verlauf der vergangenen Jahrzehnte etabliert, um *Ineffizienzen* zu überwinden. So sind diese Organisationen, das in ihnen vorherrschende Denken und die strategischen Initiativen, darauf ausgelegt, schneller und billiger zu werden. »Diese Anlagen entsprechen dem Instinkt von Hunden, Katzen zu jagen und Laternenmasten zu markieren.«[59] Natürlich dämmerte es vielen Führungskräften, dass Effizienz nicht alles ist. In der Folge wurde sehr viel Placebo verabreicht:

- Wohlklingende Bezeichnungen (»Kernteammitglied«, »Senior Vice President«) ersetzten klare Sprache. Manche Unternehmen sind derart verseucht, dass die Klofrau gedanklich zum »Global Head of Waste Management« wird.
- Die Titel klingen nun schön, aber die Handlungs- und Gestaltungsmöglichkeiten bleiben so klein wie zuvor.

- Das Mittelmaß wird beklagt, aber die Forderung, Leistungsträger endlich stärker zu fördern, wird als unsozial abgewiesen.
- Weitere Instrumente, die modern und wohlwollend daherkommen, werden eingeführt. An der Spitze: die 360-Grad-Beurteilung. Deren Anonymität spricht Bände. Sie bleibt aussage- und kraftlos. Konsequenzen? Fehlanzeige.
- Alle reden im gängigen Kauderwelsch über »Empowerment«, aber eine tatsächliche Machtverschiebung findet nicht um einen Millimeter statt.

Um es unmissverständlich zusammenzufassen: Diese Versuche sind lächerlich. Um im Bild zu bleiben: Die Mehrheit denkt immer noch wie Hunde.

> Die Symbolik und Kosmetik an den Symptomen kann den erforderlichen Paradigmenwechsel in der Führung nicht ersetzen.

Was wir benötigen – auch und gerade in den Großorganisationen –, ist ein tiefgreifender Wechsel weg von den Paradigmen der Exaktheit und Effizienz, hin zu den Paradigmen, die ich in diesem Buch vertreten habe: Individualität, Verantwortung, Menschlichkeit. Wer diesen Paradigmenwechsel nicht annimmt, wird die schon seit einigen Jahren zu beobachtende Flucht aus Großorganisationen nicht stoppen. Ich kenne zahlreiche dieser Flüchtlinge (ganz abgesehen davon, dass ich selbst einer bin ...) und ihre individuellen Begründungszusammenhänge. Diese zeigen eine fast schon beängstigende Ähnlichkeit. In einem Wort: Der normierende Werkzeugkasten ist in Großorganisationen besonders präsent. Natürlich ist eine solche Aussage in sich pauschal und selbstverständlich gibt es Ausnahmen: Zu ihnen zählen Konzerne wie Nestlé, Porsche oder Federal Express. Allerdings laufen Großorganisationen tatsächlich in besonderem Maße

Gefahr, ihre Führungspraxis zu instrumentalisieren, da ihre schiere Größe per Definition Unüberschaubarkeit und Entpersonalisierung mit sich bringt. So verwundert es nicht, dass beim renommierten Wettbewerb »Deutschlands beste Arbeitgeber 2008« mittelständische Unternehmen bestens vertreten sind – Tendenz weiter steigend. Jede zweite der besten zehn Firmen hat weniger als 500 Mitarbeiter. Bester Konzernvertreter: SAP – auf Platz achtzehn.[60]

e. Fazit: Individuelle Trennung als Führungsaufgabe

Ich habe in diesem abschließenden Kapitel dafür plädiert, individuelle Trennungen zunächst einmal überhaupt als wichtige Führungsaufgabe zu verstehen. Wer an lebensfreundlichen individuellen Beziehungen in seiner Organisation oder seinem Verantwortungsbereich *wirklich* interessiert ist, der braucht hiervon nicht überzeugt zu werden. Der Blick in die gängige Praxis zeigt allerdings ein schockierendes Bild: Trennungen verlaufen als technokratischer, standardisierter Massenprozess. Individualität? Fehlanzeige. Die jüngste Wirtschaftskrise verstärkt diese Entwicklung zusätzlich. Immerhin rückt das Thema in der Wahrnehmungs-Agenda weiter nach oben. So befragte der Deutsche Führungskräfteverband im Januar 2009 insgesamt 1000 Manager und Experten, wie die dreißig größten Arbeitgeber in Krisenzeiten mit ihren Führungskräften umgehen. Der Ergebnisbericht »Deutschlands fairste Unternehmen« zeigt eklatante Unterschiede gerade in Bezug auf den Umgang mit Trennungen.[61] Insgesamt halten inakzeptabel viele Führungskräfte den Umgang mit Trennungen für undurchsichtig, willkürlich und unprofessionell. Konstruktive Diskussionen von Alternativen oder gar Unterstützung der Betroffenen bleiben aus. Wer so vorgeht, spart kurzfristig sicherlich Kosten. Die mittel- bis langfristigen Schäden – die in keiner Kostenrechnung auftauchen – werden allerdings dramatisch unterschätzt.

55 Sommer, *Existenzfragen*, S. 88.

56 Dieser Zusammenhang wird zunehmend auch wissenschaftlich untermauert. Vgl. z. B. Trevor/Nyberg, *Keeping Your Headcount When All About You Are Losing Theirs: Downsizing, Voluntary Turnover Rates, And The Moderating Role of HR Practices*, S. 241–258. Dort wurden Beispiele nachgewiesen, in denen eine Entlassung von einem Prozent der Mitarbeiter eine um 31 Prozent höhere Fluktuation nach sich gezogen hat.

57 Vgl. Malik, *Die Neue Corporate Governance*, S. 165.

58 Hamel, *Das Ende des Managements*, S. 26.

59 Hamel, *Das Ende des Managements*, S. 27.

60 Vgl. Mertens, *Deutschlands beste Arbeitgeber*, S. 62.

61 Vgl. Buchhorn/Werle, *Recht oder billig*, S. 116–122.

6
Ausblick –
Aufbruch in ein neues Zeitalter
der Mitarbeiterführung

Die vor uns liegende Zeit erfordert eine Führung in neuer
Qualität: Individuelle Führung ist vor allem eine Führung
ohne normierende Instrumente und die gleichschaltenden
Standard-Schablonen und Regelwerke des Führungs-Werkzeugkastens. Lassen Sie uns aufbrechen in ein neues Zeitalter der Mitarbeiterführung, das das Wertvollste in unseren
Organisationen in den Mittelpunkt stellt: den einzelnen Menschen mit seinen individuellen Stärken, Erfahrungen, Prägungen und Einstellungen. Wer diesen Weg mitgehen und
gestalten möchte, sollte sich folgende Punkte immer wieder
ins Gedächtnis rufen:

Individuelle Auswahl

1. Achten Sie bei der individuellen Auswahl zuvorderst auf
   Menschen mit wachem Geist und innerer Unabhängigkeit.
2. Konzentrieren Sie sich dabei auf innere Einstellungen,
   insbesondere die zur Selbstverantwortung.
3. Einstellungen sind entscheidend in härter werdenden
   Wettbewerbsmärkten. Sie sind in einem Alter, in dem
   die meisten Menschen in Führungsaufgaben hinein-
   wachsen, weitgehend fix und gefestigt – und damit
   nicht mehr veränderbar.
4. Sie erkennen innere Einstellungen im Lebenslauf
   und im Auswahlgespräch über sogenannte »critical

Leinen los. Torsten Schumacher
Copyright © 2009 WILEY-VCH Verlag GmbH & Co. KGaA, Weinheim
ISBN: 978-3-527-50475-6

incidents«. Damit sind prägende Erfahrungen gemeint, die wir im Verlauf unserer beruflichen Entwicklung gemacht haben.

5. Sortieren Sie Mitläufer, Weggucker und Ja-Sager aus.
6. Gehen Sie bei der individuellen Auswahl keine Kompromisse ein. Im Zweifel gegen den Kandidaten.
7. Eine professionelle Auswahl fragt nach den Voraussetzungen und Erfordernissen der im Raum stehenden Aufgaben und leitet die notwendigen individuellen Kompetenzen hieraus ab.
8. Bis heute stehen Kompetenzen wie Zuverlässigkeit, Schnelligkeit, Korrektheit, Gehorsam und Effizienz im Vordergrund. Das wird zukünftig allein nicht mehr ausreichen. Was dagegen immer stärker und zusätzlich gefordert sein wird: das Besondere, Überraschende, Kreative, Eigeninitiative und Hingabe. Das Unverwechselbare, aus der Reihe Tanzende und Mutige.
9. Die besten Talente suchen vor allem Handlungs- und Gestaltungsmöglichkeiten. Mit dicken finanziellen Paketen können sie in den meisten Fällen nicht gebunden werden. Am wenigsten interessiert die Top-Talente Sicherheit.
10. Des Weiteren suchen sie sinnvolle Aufgaben in Organisationen, die sich über ihren übergeordneten Daseinszweck Gedanken gemacht haben.

Individueller Einsatz

11. Gestalten Sie die in Ihrem Verantwortungsbereich wahrzunehmenden Aufgaben so, dass individuelle Verantwortung damit gefördert wird.
12. Sie erkennen verantwortungsvolle Menschen daran, dass sie für ihre Entscheidungen sowie deren Konsequenzen einstehen und sie weitestmöglich selbst kommunizieren.

13. Zur Förderung individueller Verantwortung gehört auch, dass Sie Teams reduzieren – in Größe und Anzahl.

14. Ersetzen Sie formalisierte Teamarbeit durch eine sich aus der Sache ergebende Zusammenarbeit, die auf dem direkten, spontanen und freiwilligen Kontakt beruht.

15. Entdecken Sie die individuellen Stärken Ihrer Mitarbeiter. Die Leitfrage hierfür heißt: »Was fällt Ihnen leicht?« Individuelle Stärken müssen gepflegt und weiter verbessert werden.

16. Bringen Sie diese individuellen Stärken mit den – heute und zukünftig – zu erledigenden Aufgaben so gut es geht zur Deckung.

17. Wer seine individuellen Stärken einsetzen kann, ist auf dem sichersten Weg zu dauerhafter, belastbarer Motivation …

18. … und, in einigen Fällen, sogar Leidenschaft. Und Leidenschaft zieht wirtschaftlichen Erfolg nach sich.

19. Setzen Sie Ihre besten Talente eher auf Chancen (neue Märkte, Innovationen, zusätzliche Kunden usw.) als auf die Probleme.

20. Widmen Sie den Neueinsteigern in den ersten Monaten relativ viel Zeit und fragen Sie nach deren Eindrücken und Anregungen.

Individueller Aufstieg

21. Achten Sie – bei Auswahl- und Beförderungsentscheidungen – auf die tatsächlich bisher erbrachten individuellen Leistungen und Beiträge der Kandidaten. Überlassen Sie die Potenzialanalysen in all ihren Varianten Ihren Wettbewerbern.

22. Um individuelle Leistungen einschätzen zu können, erarbeiten Sie sich ein Bild vom jeweiligen Kontext.

Urteilsvermögen ohne Kontext ist immer auf Sand gebaut.

23. Die mit einem Urteil einhergehenden Bewertungen und Abwägungen sind notwendigerweise unscharf, nicht eindeutig und diskutabel.

24. Fördern Sie eine Vielfalt der Meinungen, Prägungen und Einstellungen. Hieraus entstehen gute Ideen und gute Ergebnisse.

25. Achten Sie bei Ihren Auswahl- und Beförderungsentscheidungen auf den Zeithorizont, den eine Aufgabe erfordert. Gleichen Sie diesen ab mit dem Zeithorizont, in dem der jeweilige Kandidat denkt, handelt und entscheidet.

26. Viele Führungskräfte scheitern nach einer Beförderung in der neuen Aufgabe. Deshalb: Je stärker sich Ihre Aufgaben verändern, desto klarer müssen Sie sich von den Erfolgsparametern der Vergangenheit verabschieden.

27. Etablieren Sie eine langfristige, transparente Nachfolgeplanung für die wichtigsten Schlüsselaufgaben.

Individuelle Begleitung

28. Schaffen Sie Vertrauen. Machen Sie sich verwundbar; die hiervon ausgehende verpflichtende Wirkung ist bemerkenswert.

29. Werden Sie nicht von der Führungs- zur Fürsorgekraft. Räumen Sie Ihren Mitarbeitern weitestgehende Handlungs- und Gestaltungsmöglichkeiten ein. Stellen Sie sich als Sparringspartner zur Verfügung.

30. Führen Sie nach Ergebnissen.

31. Wer in diesem Sinne handelt, wird gleichzeitig den Weg für belastbare Motivation ebnen. Denn Motivation kommt erstens über Ergebnisse und setzt zweitens Wahlmöglichkeiten voraus.

32. Freiheit bindet.

33. Decken Sie die unerschütterlichen Überzeugungen in Ihrem Verantwortungsbereich auf; die liebgewonnenen strategischen Annahmen, Verhaltensweisen und ungeschriebenen Gesetze, die niemand mehr in Frage stellt.

34. Umgeben Sie sich mit den besten Talenten, die schon in der Vergangenheit herausragende individuelle Leistungen gezeigt haben.

35. Verzichten Sie auf politische Ränkespielchen, Machtdemonstrationen, Inszenierungen der eigenen Unersetzlichkeit, persönliche Eitelkeiten und egomanische Selbstinszenierungen.

36. Machen Sie unmissverständlich klar, wer aus ihrer Mannschaft welche individuellen Beiträge geleistet hat. Reklamieren Sie die Erfolge anderer niemals für sich.

37. Denken Sie immer wieder daran, dass wir zwei Ohren und nur einen Mund haben.

38. Bleiben Sie authentisch. Lassen Sie sich nicht verbiegen.

39. Gleichen Sie die gegenseitigen Erwartungen mit Ihren Mitarbeitern professionell ab. Die Zutaten hierfür sind Klarheit, Hintergrund und Realismus.

40. Überprüfen Sie in mehreren Begegnungen im Lauf des Geschäftsjahres, ob Sie die gegenseitig formulierten Erwartungen erfüllen können oder ob Anpassungen vorgenommen werden müssen.

41. Diese individuelle Rückversicherung schafft Transparenz und vermittelt Orientierung.

42. Überprüfen Sie im Rahmen der Rückversicherung auch, inwieweit der jeweilige Mitarbeiter seine individuellen Stärken im betrieblichen Alltag tatsächlich einsetzen kann.

43. Machen Sie professionelles Feedback zu einem Kernelement Ihrer Führungsarbeit.

44. Ein gutes Feedback beginnt mit einer präzisen Beobachtung. Es schließen sich vier weitere Stufen an: eine Beschreibung der Wirkung auf Sie selbst, eine Rückkopplung, die Diskussion von Handlungsoptionen sowie Ihr Wunsch für die Zukunft.

Individuelle Trennung

45. Erkennen Sie individuelle Trennungen als eine der wichtigsten – und besonders anspruchsvollen – Führungsaufgaben an.
46. Wer wirkliches Interesse an lebensfreundlichen individuellen Beziehungen hat, der setzt sich mit aller Kraft für eine Trennung »im Guten« ein.
47. Lernen Sie von den Leistungsträgern, die freiwillig die Organisation verlassen, was sie noch besser machen können.
48. Wenn jemand dauerhaft keinen individuellen Beitrag leistet und auch Veränderungen in den zu erledigenden Aufgaben nicht fruchten, muss die Trennung eine Option sein.
49. Reden Sie in diesen – schwierigen – Führungssituationen Klartext; Schönwetterreden helfen nicht weiter.
50. Gehen Sie offensiv mit Abgängen von Leistungsträgern um. Stellen Sie solche Verluste ungeschminkt in Ihrer internen Kommunikation dar – es ist der einzige Weg, um das explosive Gemisch aus Flurfunk, Unsicherheiten und Halbwahrheiten zu entkräften.

Danksagung

Ich habe zunächst den unzähligen Führungskräften aus unterschiedlichen Unternehmen zu danken, mit denen ich in den vergangenen zwanzig Jahren zusammenarbeiten durfte und die mich an ihren Erfahrungen teilhaben ließen. Durch den Diskurs mit ihnen befinde ich mich in einem ständigen Lernprozess, der mein Denken und Handeln schärft und den ich als Luxusgeschenk empfinde.

Meinem langjährigen Freund Markus Baumanns gebührt Dank für die konstruktiv-kritische Durchsicht des Manuskriptes und zahlreiche wertvolle Anregungen. Mehr noch: Über den Diskurs zu diesem Buch gewann ein Vorhaben an Kontur, das in vielen Jahren gereift ist: die Gründung einer gemeinsamen Beratungsgesellschaft, die sich auf Führungsfragen konzentriert.

Ich bedanke mich des Weiteren bei Karsten Horx, Robert Manns und Ulrich Menten dafür, dass sie mir eine ruhige und inspirierende Rückzugsmöglichkeit für das Schreiben des Manuskriptes zur Verfügung gestellt haben.

WILEY-VCH ist zu meiner Verlagsheimat geworden. Auch das liegt vor allem an einzelnen Menschen. Ich danke insbesondere Markus Wester, der mich und meine Buchprojekte nicht nur begleitet, sondern tatkräftig unterstützt, und Jutta Hörnlein, die mit einer seltenen Mischung aus Gelassenheit und Akribie dem Werk den notwendigen Feinschliff gegeben hat.

Leinen los. Torsten Schumacher
Copyright © 2009 WILEY-VCH Verlag GmbH & Co. KGaA, Weinheim
ISBN: 978-3-527-50475-6

Literatur

Berth, Rolf, »Die Rendite der Werte«, in: *Harvard Business Manager*, Januar 2006, S. 8–11

Brandes, Dieter, *Einfach managen*, Frankfurt/Main, 2002

Bryan, Lowell L., »Making a market in knowledge«, in: *The McKinsey Quaterly*, August 2004

Buchhorn, Eva/Werle, Klaus: »Recht oder billig«, in: *Manager Magazin*, 39. Jahrgang, 04/2009, S. 166–122

Bucksteeg, Mathias, »Der Führungsnachwuchs fordert eine neue Managementkultur. Warum Top-Down implementierte Werte nicht ausreichen«, in: *Organisationsentwicklung*, Nr. 4/2008, S. 38–43

Collins, Jim, *Der Weg zu den Besten. Die sieben Management-Prinzipien für dauerhaften Unternehmenserfolg*, 2001

Conger, Jay A./Fulmer, Robert M., »Developing Your Leadership Pipeline«, in: *Harvard Business Review*, Dezember 2003, S. 1–8

DeLong, Thomas J./Vijayaraghavan, Vineeta »Let's hear it from B players«, in: *Harvard Business Review*, Juni 2003, S. 96–101

Drucker, Peter, *Management*, New York, 1974

Endres, Helene/Schmalholz, Claus G., »Voll geschäftsfähig – Die beliebtesten Arbeitgeber«, in: *Manager Magazin*, 37. Jahrgang, 02/2007, S. 110–122

Förster, Anja/Kreuz, Peter, *Alles, außer gewöhnlich*, Berlin, 2007

Förster, Anja/Kreuz, Peter, *Spuren statt Staub*, Berlin, 2008

Frankl, Viktor, *Der Mensch vor der Frage nach dem Sinn*, München, 1979

Furedi, Frank, »Behandeln Sie Mitarbeiter wie Erwachsene!«, in: *Harvard Business Manager*, Dezember 2005, S. 124–125

Gallup-Institut, *Engagement-Index 2008*, Potsdam, 2009

Gansch, Christian, *Vom Solo zur Sinfonie – Was Unternehmen von Orchestern lernen können*, Frankfurt am Main, 2006

Guthridge, Matthew/Komm, Asmus B./Lawson, Emily, »Making talent a strategic priority«, in: *The McKinsey Quaterly*, Januar 2008

Hamel, Gary, *Das Ende des Managements – Unternehmensführung im 21. Jahrhundert*, Berlin, 2008

Hamel, Gary, Mission: »Management 2.0«, in: *Harvard Business Manager*, April 2009, S. 86–95

Hayek, Friedrich August von, *Die Anmaßung von Wissen*, Tübingen 1996

Heinemann, Ben W. Jr., »Warum integre Manager mehr verdienen sollten«, in: *Harvard Business Manager*, Oktober 2008, S. 8–10

Kleinmann, Martin, »Passen die Werte Ihrer Mitarbeiter zur Organisation? Werteorientierung bei der Personalauswahl sicherstellen«, in: *Organisationsentwicklung*, Nr. 4/2008, S. 52–57

Köcher, Renate: »Skepsis gegenüber den Führungseliten«, in: *Frankfurter Allgemeine Zeitung*, 23. April 2008, S. 5

Kröll, Martin, »Das Dilemma der Personalarbeit«, in: *Harvard Business Manager*, Dezember 2006, S. 10–12

Landsberg, Max, *The Tao of Coaching*, London, 2002

Löhner, Michael, *Führung neu denken – Das Drei-Stufen-Konzept für erfolgreiche Manager und Unternehmen*, Frankfurt/Main, 2005

Malik, Fredmund, *Die Neue Corporate Governance – Richtiges Top-Management, Wirksame Unternehmensaufsicht*, Frankfurt am Main, 2002

Malik, Fredmund, *Führen, Leisten, Leben*, München, 2000

Malik, Fredmund, »Sinn – wenn die Motivation aufgebraucht ist«, in: *Malik on management*, m.o.m.-Letter 12/05, 13. Jahrgang, Dezember 2005

Mertens, Bernd, »Deutschlands beste Arbeitgeber«, in: *Impulse*, Februar 2008, S. 62

Noelle-Neumann, Elisabeth/Köcher, Renate (Hrsg.), *Allensbacher Jahrbuch der Demoskopie*, Band 10 (1993–1997), Allensbach, 1997

Pelzmann, Linda, »Bauplan für ein Sinn erfülltes Leben«, in: *Malik on management*, m.o.m.-Letter 01/06, 14. Jahrgang, Januar 2006

Pelzmann, Linda, »Die Critical Incident Methode«, in: *Malik on management*, m.o.m.-Letter 01/01, 9. Jahrgang, Januar 2001

Pelzmann, Linda, »Gegenseitige Rückversicherung – unverzichtbar für strategisches Vertrauen«, in: Krieg, Walter/Galler, Klaus/Stadelmann, Peter, *Richtiges und Gutes Management: vom System zur Praxis*, Bern, 2005

Prochnow, Erik, »Gewinn für die Gesellschaft«, in: *Impulse*, November 2005, S. 78–80

Schmalholz, Claus G., »Steiler Anstieg«, in: *Manager Magazin*, Nr. 1, 37. Jahrgang, S. 142

Schumacher, Torsten, »Die Mär von der strategischen Ausrichtung«, in: *Frankfurter Allgemeine Zeitung*, 12. Februar 2001, S. 31

Schumacher, Torsten, »Radikalkur in der Personalauswahl«, in: *Frankfurter Allgemeine Zeitung*, 14. August 2006, S. 18

Schumacher, Torsten, *Wenn Du viel erreichen willst, tue wenig – Einfache Führung durch Klarheit, Freiheit und Konsequenz*, 3. überarbeitete Auflage, Weinheim, 2009

Sharp, Isadore, »How to create a great workplace anywhere in the world«, in: Great Place to Work Institute, Konferenzvortrag, Boston, 7. April 2006

Sommer, Christiane, »Existenzfragen. Kündigen und gekündigt werden – zwei Rollen, auf die kaum ein Personaltraining vorbereitet«, in: *brand eins*, 10/2004, S. 88–91

Sprenger, Reinhard K., *Aufstand des Individuums*, Frankfurt am Main, 2000

Sprenger, Reinhard K., *Vertrauen führt*, Frankfurt am Main, 2002

Strenger, Carlo/Ruttenberg, Arie, »Der Weg zur zweiten Karriere«, in: *Harvard Business Manager*, November 2008, S. 56–67

Stummer, Harald, »Entsolidarisierung von Führungsverhalten und mögliche Auswirkungen auf die Gesundheit«, in: *Industrielle Beziehungen*, 14. Jahrgang, 3/2007, S. 270–278

The Boston Consulting Group, *Creating People Advantage – How to Adress HR Challenges Worldwide Through 2015*, Boston, April 2008

Towers Perrin, *Was Mitarbeiter bewegt zum Unternehmenserfolg beizutragen – Mythos und Realität*, Global Workforce Study 2007–2008

Towers Perrin, *Winning Strategies for a Global Workplace*. Executive Report 2006

Trevor, Charlie O./Nyberg, Anthony J., »Keeping Your Headcount When All About You Are Losing Theirs: Downsizing, Voluntary Turnover Rates, And The Moderating Role of HR Practices«, in: *The Academy of Management Journal*, Volume 51, Number 2, April 2008, Seite 241–258

Werle, Klaus, »Die Herren baden gerne lau«, in: *Manager Magazin*, 36. Jahrgang, 09/2006, S. 124–134

Werle, Klaus, »Die Manager-Klone«, in: *Manager Magazin*, 38. Jahrgang, 04/2008, S. 158–166